すべてはおいしさのために

オーボンヴュータン
河田勝彦

自然食通信社

装幀・デザイン　黒瀬章夫

［目次］

はじめに

Reccette

はじめに

もう、五〇年以上たつというのに、
ボーヌ地方のコンフィズリー（糖菓子）屋のおばあちゃんが焼いていた
サブレの味が、忘れられません。
そのサブレの味は、ルセット（レシピ）としてではなく、
僕の心の中に思いとして残っているんですね。
なんとかその味に近づけたいと、材料を自分で作ってみたり、
フランスから器械を取り寄せてもらったり……
いろいろなことを試してみました。
結局、僕が表現したいのは、そういう思いなんです。
我々菓子屋は、言葉で仕事をしているのではないから、
「おいしいんだよ」と話術で食べさせるわけではないのです。
僕らの表現方法は、作る菓子がすべてですから。
いい技術や、すごい腕を持った人はたくさんいるけれど、

やっぱり最後は、その人の生き方やものの考え方、人生観です。

菓子作りって、最後はみんなそこに出ちゃうんだと思います。

これから話す一一の菓子のストーリーは、

僕がたどってきた道のりの途中で、

さまざまな思いを交差させながら感じてきた、心のありようです。

こんな個人的な話をして面白いだろうかって、実は今も頭をよぎっています。

これを読んで、何かの参考になることがあったらうれしいのですが……。

写真　坂本真典

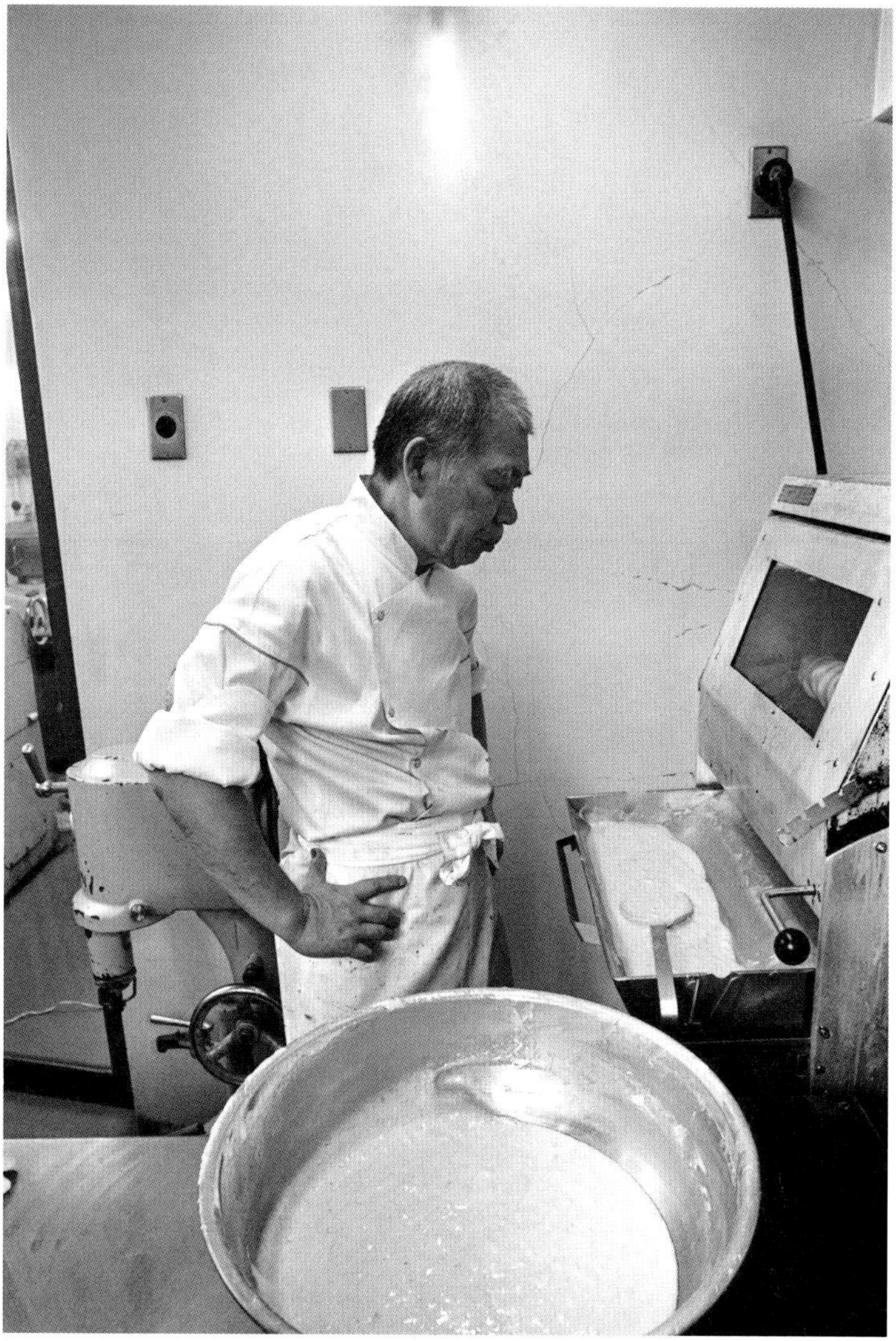

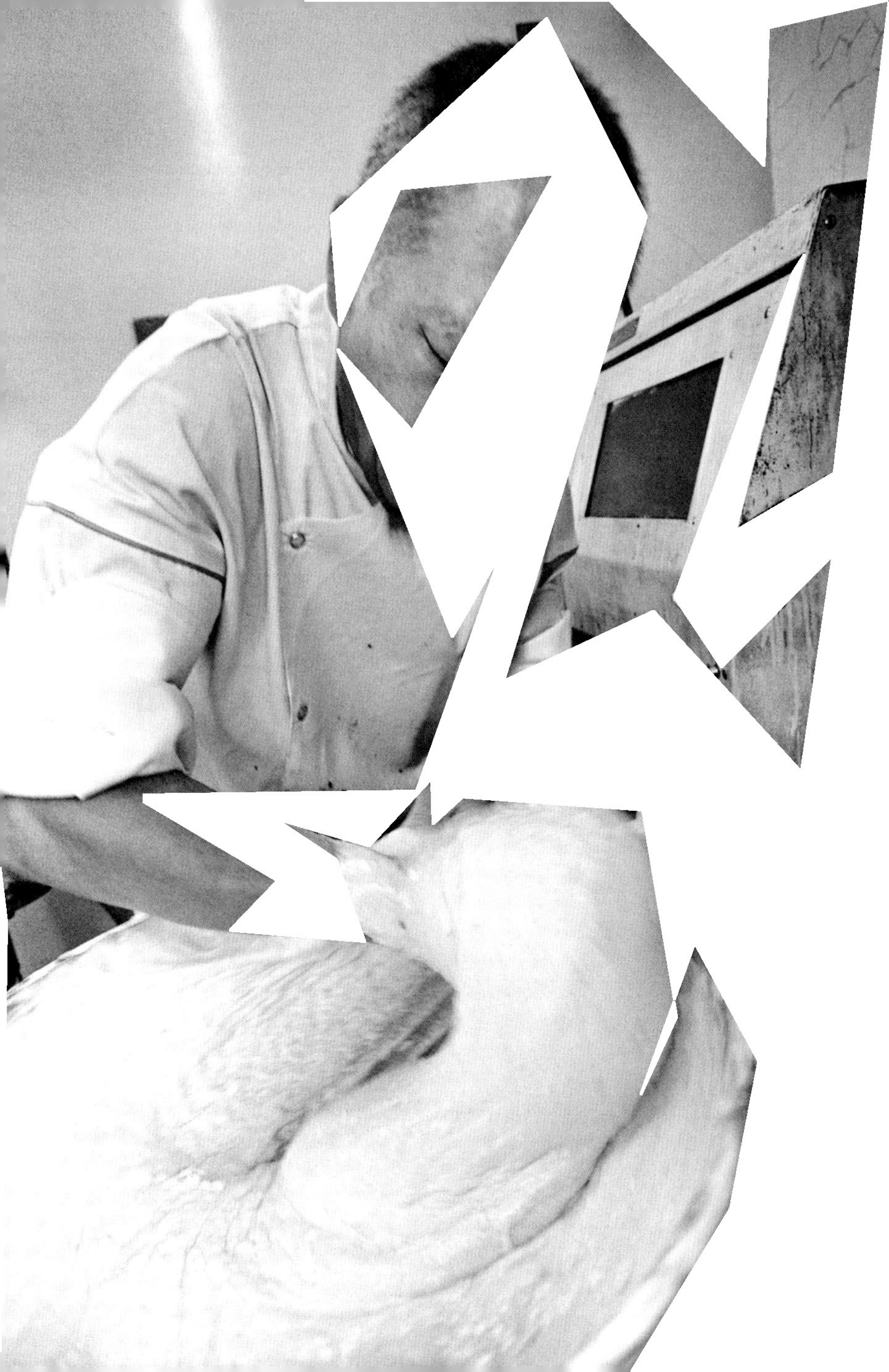

L'ART CULINAIRE MODERNE
GOUFFE LE LIVRE DE PATISSERIE
ALI-BAB
GASTRONOMIE PRATIQUE
ÉTUDES CULINAIRES
FLAMMARION
LA CUISINE CLASSIQUE
LA CUISINE CLASSIQUE

Traité de pâtisserie artisanale
Traité de pâtisserie artisanale
Traité de pâtisserie artisanale
PAINS SPECIAUX ET DECORES

KENT

1

Fraisier

フレジィエ

僕の記憶に残る最初の洋菓子、それは、真っ白なクリスマスケーキ。

すでに働いていた姉が買ってくれた不二家のケーキには、バタークリームで作られたバラの花と、キラキラと輝く銀色の粒アラザンが飾られていました。

「やっぱ、姉キは洒落《しゃれ》てるなあ……」

うれしくて心が躍りました。当時、僕はまだ小学生。一九五〇年代初頭、まだ日本が貧しかった時代の話です。

まるいケーキが人数分に切り分けられると小さな三角になって、それを皿に移してもらい、ひと口ずつ、それは大事に食べた。皿についたバタークリーム、これもきれいになめて。

そんな思い出のあるクリスマスのケーキが、日本人が考え出したものと知ったのは、フランスに行ってからのことです。

フランスでは木の切株を模した、ブッシュ・ド・ノエルと呼ばれるケーキでキリストの誕生を祝いますからね。

だから、うちの店のクリスマスケーキは毎年、ブッシュ・ド・ノエルって決めているんですよ。

甘いフランス菓子に感動

一九六七年、二三歳の時、僕はシベリア鉄道でモスクワまで行き、飛行機でパリのオルリー空港に降り立ちました。この時、渡仏にかかった旅費は一四万円。一フラン一〇〇円、一ドル三六〇円の頃で、目にするすべてが初めてのものばかり。言葉に表わすことができないほどカルチャーショックを受けました。

日本ではまだ、外国人の姿だって珍しかったくらいの時代ですからね。今のように雑誌やテレビなどからの豊富な情報もなかったし。だから本場のフランス菓子を目にした時は、愕然としました。日本で見ていた洋菓子のほとんどは、フランスでは実在しないもので、形も、味わいも、まったく異なっていて別もの。それはレベルの差、以前。

材料の質も、まるで違った。日本のバターは、フランスのバターとは比較にならないほど風味や味わいがなく、ひどく不味《まず》いものとわかりましたし、フランス菓子に不可欠なアーモンドも、日本では見たこともなかったので、その存在すら知らなかった。「これは、やばい!」と思いました。

ミルフィーユ、サバラン、モンブランも日本で見たこともなかった。ほとんどが、知らない菓子。だから最初の年はもう夢中、いろいろな菓子を食べまくり状態です。勉強のためというよりも、「旨そうだなあ」「ほお張りてえな」という気持ちのほうがむしろ強かった。甘さというものに対して欲する思いが先に出てきて。

そんなフランス菓子の中に、日本のいちごのショートケーキを思わせる菓子がありました。〝フレジィエ〟です。店によりますが、バタークリーム、またはカスタードクリームをバタークリームと合わせて使う、いちごのケーキです。

生地は、小麦粉で作る、ふわふわとした日本的なやわらかいものとは異なり、アーモンドを細かくすりつぶした粉を使うので、口当たりはボソボソとやや重く、しっかりとした食感で、存在感があります。生クリームはあまり菓子に使われていなかった時代で、クレーム・オ・ブール(バタークリーム)を使った菓子が主流でした。

だから僕はいまだに、バタークリーム系の菓子がけっこう好きなんですよ。といっても今は、口当たりが重い印象からか、日本でもほとんど見かけませんが。

「フランス菓子を作るなら本場で働いて、本物を見なければ、本当のものは作れないよ」

夢を語ることが大好きな兄に背中を押され、いざパリに来てはみたけれど、東洋人を雇ってくれる店などまるでなく、どうしようかと考えあぐねていました。

六〇年代後半、パリの街には Cadot〈カド〉、Syda〈シダ〉と、店の名前が目立つように大きく書かれた大きな車が、よく走っていました。車には焼きたてのパンや菓子が積まれ、あちこちの店に卸して回っていたのです。

僕が、初めて菓子の修業に入った店が、この〈シダ〉でした。大きなパン屋でありながら、菓子も作っていたので、働かせてもらえることになったのです。とてもラッキーでした。というのは、この時代、言葉も満足に喋れない外国人労働者は、カルト・トラヴァーイ（労働許可証）[*1]も持っていないので、菓子屋、レストランからまるで相手にもされなかったのです。

僕が渡仏した六七年、パリに滞在する日本人は五〇〇人ほどだったと聞いています。

右も左もわからないパリで、とりあえず寝るところだけは確保しておこうと、宿泊先のホテルを決め、一カ月分の宿泊代七〇〇フランを払うと、財布の中は空っぽです。空腹感からよけいに心細くなり、早く働く場所を決めなければ……気だけがあせった。

現実の厳しさを目の当たりにし、不安でいてもたってもいられず、パリの日本大使館にドキドキしながら駆け込みました。

「菓子屋で働きたいんです、雇ってくれるところを知りませんか」

日本を離れて以来二週間ぶりに口にした日本語でした。言葉が通じる喜びを感じながら切実な身の上を説明し、仕事の相談をしました。ところが話を聞くやいなや、スタッフの女性はあきれ顔で怒り出しました。

「あなたのように言葉も喋れない人は、フランスに夢だけ抱いて来てはいけない。無謀すぎる！」

志高く、情熱は人一倍あるが、ツテやコネ、お金もなく、夢だけを抱いて渡仏する芸術家の卵や、料理人などが当時、多かったようです。彼女は僕の行動に半ばあきれ顔でしたが、この切羽詰まった様子を見て、一軒の日本料理屋を紹介してくれました。店のオーナーは日本人の菓子職人。パリの五区に日本料理屋を開くから、そこへ行ってみなさいと。

菓子を学びたくてフランスまで来たわけですが、とりあえず働く場所を確保することが先決で、その足で店へと向かい、さっそく働かせてもらえることになりました。

「これで、飯が食べられる」心底、ほっとした。

日本料理の仕事なんてまるで知りませんでしたが、言われたことに対して忠実に、そして懸命に働いて。朝の食材の買い出しから掃除、皿洗い、後かたづけ、ある時はそばやうどんも打った。とにかくフランスの生活に慣れて、みんなと同化したかった。しかし、同僚である日本人からのいじめ、仕事への理不尽な要求、もうこれ以上そこで働くことに耐えられず、早々と三カ月で辞めました。それでも僕は、ありがたかったと感謝しています。だって、ここで働いていなかったら、どうなっていたかわからなかったですから。

ですが、これを境に僕は、同業者である日本人とは距離をおこうという気持ちになりました。陰湿ないじめをする日本人の顔を見るのが嫌になった。

こんどこそ菓子作りが学べる職場で働こうと、意気揚々と何軒もの店をまわりました。けれども、やはり、どこもとり合ってはくれない。

「困ったことがあれば、パリのロータリークラブを訪ねてみればいい」日本を発つ前、知り合いから手渡されたメモを思い出し、さっそく、その住所の事務所を訪ねました。

重厚な木の扉をノックして中に入ると、親切そうな日本人の男性が出てきました。また相手が怒るかもしれないと、ドキドキしながら事情を話したら、「今晩、ロータリークラブの会合があるから出席してみるといい」と、タイミングのいい言葉をもらい、その夜、僕は背広を着て食事会に臨みました。

来ているのはフランス人ばかり。みんなが何を話しているのか、まったくわからない。「河田くんは、菓子職人になりたくて日本から来たが、雇ってくれる人はいませんか?」とでも紹介されたんだと思います。その場で手を挙げてくれたのが、〈シダ〉の社長であったムッシュ・シダでした。経歴など何も聞かず、「菓子作りを学びたいなら、うちに来ればいい」と誘ってくれて。うれしかったあ。これでやっと菓子職人としての第一歩が踏み出せると。

ポリシーを持つ菓子職人

〈シダ〉は九区にありました。入店初日、ムッシュ・シダに歓迎され、記念にと、店の前で二人並んで写真まで撮ってくれました。温厚な人柄で、紳士的な態度で接してくれました。厨房に案内されると、職人たちが昼食を食べながらワインを飲んでいたのには驚きましたが、フランスではごく普通の光景です。僕はアルコールが入ると顔が赤くなって、体がだるくなってしまうので、昼間からワインを飲んで仕事をしたことはありませんが、朝からビールを飲み、テンションを上げて仕事をする職人もいましたし、誰かの誕生日にはシャンパンで乾杯をしました。

〈シダ〉は社会的に信用のある企業でしたから、会社を通して労働許可証を申請すると、すぐに取得することができました。許可証を得られずに働いている日本人はかなり多くて、みんな苦労をしていました。僕はこの労働許可証を保持できたことで、シダを辞めた後まで助けられ、幸運でした。

渡仏する前、日本における洋菓子店の先駆け〈米津凮月堂〉で働いた二年間の経験から、言葉ができなくても、シューやパイ生地の作り方は、さほど変わらないだろうと、仕事に対する不安はありませんでした。

「麵棒を持たせたら、誰にも負けない！」

根拠のない自信に満ちあふれていましたからね。

最初に担当したのは、菓子の仕上げをするアントルメティエ。粉糖をふったり、何かを飾ったりという、菓子の味にはさしさわりない作業です。日本人である僕らが最初にまわされるのは、こういったところでした。

窯や生地の仕込みは経験がないので、担当を希望してもやらせてはもらえません。というのもフランスの菓子屋の仕事は、当時は完全に分業化されていましたから。

仕上げ担当のアントルメティエ、生地の仕込みから成形まで行うツーリエ、窯担当のフーニエ、アイスクリーム担当のグラシエ、プティ・ガトー、それぞれが、その分野のスペシャリテで、シェフはこの道何十年というベテラン揃いです。店側に自分の担当を代えてほしいと希望しても、その担当のシェフと話をして気に入られないと、仕事を途中で代わることは無理でした。

彼らの仕事には、みなその人なりのポリシーが必ずありました。たとえばこうです。

「この部分の生地の処理は、こうしないと焼き上がった時の食感が違ってくるから、折り目は三回折るようにしろ」

たとえ手が早くても、見た目がきれいでも、そこの部分がいい加減だと、「よし！」ということは絶対にあり得なかった。彼らにすれば、長い間、その作業を何千、何万回と繰り返しながら技術を磨き、経験に裏打ちされた事実だったから。

逆に、そういった考えが打ち出されないで作られた菓子は、魅力が乏しく感じられました。作り手は心が熱くなる部分を持っていなければなりません。こだわりというか、若いうちに変な部分にこだわりすぎて頑固になるのも問題だけれど、その人のポリシーがないと。あれもオッケー！　これもオッケー！　これではないだろう。熱いこだわりや考えを持たずに作ったものは、表現がとっても弱いものだと思いますよ。

僕は「ウィ」「シルヴプレ」といった単語程度しか最初は話せなかったので、仕事は見よう見真似で覚えていきました。「お前はウィ、ウィだけだな！」って、フランス人からいつもバカにされ、悔しかった。フランス語で言い返すなんてまだできないから、ぐっとこらえたけども。

言葉が堪能でなかった分、仕事の流れの中で、シェフが何を要求しているのかを常に頭で考えていました。自分が認められるには、まずシェフに気に入られないと受け入れてはもらえませんから。

頑固で怖い職人ばかりでしたが、それでもわからないことは、自分から食いつくように質問をしたりしました。こっちが黙っていたら、向こうは何ひとつ教えてはくれない。それが理解できると、仕事の流れも読めてくる。シェフの思いも把握できるようになる。自慢とかじゃなくて、僕はそれぞれの店で一週間働けば、仕事は覚えられました。自分の持ち場で、同じ作業を繰り返すだけでしたから。

今うちの店でも、仕事をしているうちに、こちらが要望することを口に出して言わなくても、察知して動く子もいます。まわりからは「要領がいいやつだ」と悪印象を持たれるかもしれません。

でも、僕はこう思います。菓子を作る世界でも、ある種の要領のよさは絶対に必要であって、それを出してくれる人間のほうが、僕は正直働きやすい。だから、その子の性格や実力を見て、場所を配置します。企業で働くのとは違って、将来は独立して店をやっていくことを希望する職業ですから、要領のよさは本人の前向きな気持ちの現われでしょう。

今、福岡で自分の店をやっている子がいます。彼がうちの店に来たのは二五歳の時で、料理人としての経験はありましたが、菓子を作るのは初めてで、一からの出発でした。

一度仕事のやり方を説明すると彼はすぐにのみ込み、次からは期待以上のことをやってくれました。スポンジが水を確実に吸収するようにどんどん仕事を覚え、普通は七〜八年かかるところを、わずか三年ですべてのポジションをまわり終えた最短記録保持者です。こちらの言わんとすることを先回りし、要領がとにかくよかった。そこには変な嫌らしさもなく、行動もスマートで、気持ちよかった。

菓子屋には、店ごとの厳密なルセット(レシピ)があって、それに従って仕事をしています。でもレストランで働いたことのある人は、ルセット以外のいろんな方法を知っていて、臨機応変に応用がきくというのか……この違いは少なからずあるとは思います。

料理人の道を歩むはずが……

実は、最初から菓子職人をめざしたわけではないんです。なりたかったのはむしろ料理人。夢半ばで挫折してしまったけれど。

僕は戦争中、東京の本郷坂下町に生まれました。食べることだけで大変な時代です。六人兄弟の五番目で、よき理解者として応援してくれた一番上の兄とは、ひと回り以上も離れています。

一歳の頃、東京大空襲の前に埼玉の浦和に移り、そこに親類たちも集まってきて、大勢で暮らし始めました。広い敷地には、鶏や山羊などの家畜、犬や猫、雉《きじ》などを飼い、いろいろな野菜も作っていました。トマト、きゅうり、なす……収穫したばかりの野菜の味はどれも濃くて、子どもながら旨いなあと。香りがありました。僕は三男坊だから、家の手伝いにしょっちゅうかり出されて、麦踏みや芋掘り、時には白菜を漬けたりと、いろいろやらされていました。味覚を感じた僕の出発点は、ここです。

そんな原風景があって、食の世界に進もうと思ったのは高校一年生の時でした。

これからの料理は、食べてただおいしいだけでなく、栄養や科学的な要素が欠かせない時代がくるだろう……そんな思いから、都内の商業高校を卒業後、栄養科のある東京農業短期大学に進みました。

家庭の事情から、学費や生活費を稼ぐために早朝四時から築地で働き、夜は上野で、サンドイッチマン[*2]と呼ばれていたキャバレーの呼び込みのアルバイトをかけ持ちしていました。たまに血も売りました。これがけっこういいお金になって。金額は忘れたけれど、夕方五時から夜の九時まで働いたサンドイッチマンの稼ぎと同じくらいでしたから。牛乳ビン二本分の血を抜くと一本の牛乳がもらえましたんですよ。血を抜いた身体へ、この牛乳を流し込むと全身に沁みわたって。

日本の社会の波が激しい時代でしたから、生活するのも大変で、子どもも働いて家計を助けることが多かったですよね。だから一〇〇円を稼ぐために働くのがどれだけ大変なことかがわかっていた。子どもながらに意地みたいなのがあって、とりあえず自分のことはしっかりしなくちゃと、その頃から思っていました。

短大卒業と同時に大部分は就職しましたが、僕は社会に出て働くのがいやで、まだ気楽に遊んでいたい気持ちが強く、四年制のコースに編入しました。

ところが化学の実験ばかりで、授業はまるでわからない。結局、そんな学問が自分の将来に役立つことはないだろうと、早々と区切りをつけて中退を決め、飯田橋にあった職業安定所へ行きました。誰かの世話になるのがいやだったから一人で。料理人を希望して、紹介されたのは丸の内会館のレストランでした。

最初は多くの先輩がそうだったように、お決まりで洗い場に行かされました。鍋を洗いながら、慣れてくると厨房で料理が作られるプロセスを目で追ったりして。人よりもスタートが遅かったので、仕事を覚えることに精一杯でした。

就職したのは一九六四年、東京オリンピック開催の年です。

四月に入社し、六月末、渋谷区代々木にあった選手村のレストランへ行きなさいと辞令が出て。世界のトップの人々が食事をするわけですから、そこで働けることはたいへん名誉なことでもあったのですが、僕は洗い場でしたからね。

選手村へと出勤し、洗い場で一日を過ごす。洗い場には僕のほかに三人いましたが、まだ洗浄機なんてなかったから、半端じゃない数の食器や道具を手で洗って洗って、洗いまくりました。ほかに芋の皮むきもさせられて。

一日の仕事が終わる頃には、体力のすべてを出しきり、あまりに疲れすぎて選手村のほど近く、原宿の草むらに横たわってそのまま寝てしまうことが何度もありました。

八月、疲労は頂点に達し、一〇月の本戦を前に風邪をひいてしまい、免疫力も落ちていたのだと思います。悪いことは重なるもので、指先からばい菌が入って瘭疽《ひょうそ》になり、水仕事もできないほど手は腫れ上がりました。いよいよこれからという時期に、どうしようかと悩んだものの、手が使えないことには僕の存在価値はゼロ、モヤモヤとしたものを抱えながら仕事を休むよりほかなかったんですね。

病気は一カ月ほどで完治したけれど、気持ちはすっかり萎え、選手村へ再び向かう勇気もなくて、そのまま会社を辞めてしまいました。「一流の料理人になる!」という夢を掲げながらも、心がポキッと折れてしまったんです。

洋菓子の奥深さを知って

しかし、食の世界に関わりたいという気持ちは以前と同様、いやそれ以上に強くなっていたかもしれません。挫折した自分を許せなかったし。

そこで、菓子職人として歩んでみようかと考えたのです。選手村の洗い場の横では、偶然にも菓子を作っていました。卵を泡立てたり、クリームを絞ってデコレーションをしたり、初めて見る菓子の制作過程が、なんだかとても楽しそうに映って見えた。

「よし、菓子作りなら、俺は一番になれるかもしれない」

それまで洋菓子といえば、クリスマスケーキくらいしか食べたことがなかったですから、菓子にどんなものがあるかも知らなかったのですが。

そこで、銀座八丁目にあった〈米津凮月堂〉に入りました。名が知れた菓子屋だったので、ここがいいだろうと判断して。当時は中学卒もしくは高卒で入る世界で、すでに二〇歳を過ぎていた僕は、ここでもずいぶん後れをとっていましたが、それでも期待を抱いてのスタートでした。料理の世界に入った時もそうでしたが、誰かに聞いて教わるよりも、まず本からの勉強でした。フランス語の料理本と向き合い、種類、材料、作り方の手順などを頭にたたき込んだのです。

当時の洋菓子はババロア、シュークリーム、ショートケーキと、ごく限られた種類のものしかなかったので、理解するには時間はかかりませんでした。砂糖、粉、卵、バター、これらの材料の割合や、手順を変化させるだけで、種類の違う菓子がいくつもできることを知り、「奥が深い世界なのかもしれない」と、ぼんやりと感じていましたが。

フランスの食と関わるようになって、本からの知識が増えていくと、フランスという国にどんどん引き込まれていきました。極めつきは辻静雄さんの『パリの居酒屋（ビストロ）』で、この本には、パリで評判のビストロをまわった辻さんの視点で感想が書かれ、いろいろな店がガイド的に紹介されていました。これを読んで気持ちはすっかり高揚し、心は完全にフランスへと向いてしまった。

米津凮月堂での一年目は、バウムクーヘンのはしりの頃で、毎日バウムクーヘンを焼いていました。仕事場が途中から埼玉の川口へ移り、二年目はそこでパイ生地を使った菓子を専門に作って。

当時、米津凮月堂は暖簾《のれん》分けの問題で、神戸の凮月堂と裁判で争い、それがもとで資金繰りが滞り、突然の倒産を告げられました。最終的には会社は存続されることになりましたが、これをきっかけに僕は米津凮月堂を辞めました。その後、お金を貯め、フランス行きの準備をしました。

フランス語なんてまるでわからなかったし、だれ一人フランスで頼る人もいないので、とても不安ではありました。しかし、本場で菓子作りを学ぶことへの期待のほうが、それをはるかに上回っていましたから。


そういう思いで、フランスまで来たのはいいけれど、日々大変なことばかりでした。甘いフランス菓子のおいしさに励まされながら、「何がなんでも、ここで三年は頑張らないとダメだな」って菓子をほお張って、必死で耐えて。ところが、それほど夢中になって食べていたフランス菓子も、途中から飽きてしまったんです。

砂糖の甘さとバタークリームの重さ、そして、どの店に並んでいる菓子も、クラシックスタイルのかわり映えしないものばかり……。

というのは、当時の菓子は、ジェノワーズ（スポンジ生地の一種）とクレーム・オ・ブール（バタークリーム）の組合わせで作られたものがほとんどで、第一次世界大戦前のスタイルを引きずったまま、創作性など感じられないものでした。

フランス人はパティスリー（菓子屋）に甘く濃厚な味を求めていたので、これでよかったわけですが、僕は「これだけかよ?」という感情が途中から湧いていたのです。

僕が作るモンブランは

フランスでは七〇年代になってから、新しい材料や道具の開発により、ムースやスフレ、生クリームなど、口当たりの軽い菓子などが出てきました。僕がフランスで修業していた途中から、そんな傾向に流れ始めていました。

そして今の菓子の主流はフランスも日本も、冷凍技術の進歩で、ムースを型に流して固め、それを積み重ねるような、いわば積み木的なお菓子になってしまっている。

しかし、組み立てるのがパティシエの仕事ではないですよね。昔みたいに、ここでクリームをどうしようとか、タイプの異なる生地を組み合わせてどうしようとか、そうした細やかな思いは感じられない。

味の表現の仕方が、いい方向に多様化するならいいけれど、狭い中で、小手先でいろいろやろうとしているから、どれも同じ印象になっちゃうわけです。

フレジィエを作る

　フランスにいる時は、いろんな店のフレジィエを食べました。その中で一番おいしいと感じたのは、ガストン・ルノートルの店のものでした。彼は良質の乳製品と果物を産するノルマンディー出身というベースがある人で、フルーツの扱いや、クリームを軽やかにアレンジするという腕を持っていましたから、やはり他店と比べると断然、旨かった。

　でも今は、うちの店で作るフレジィエが一番おいしいと、ひそかに思っているんですよ。どこがどうと、あえて説明はしませんが、自慢なんかじゃなくて、本当にそう自負している。ただ、いちごの粒が大きく出揃い、味わいのおいしい時期にしか作らないので、年中ある菓子ではないんです。一一月の初めから三月頃までですかね、店頭に並ぶのは。

　ショートケーキといった印象のフレジィエの生地は、卵黄と卵白をそのまま一緒に泡立てる〝ジェノワーズ・オ・ダマンド〟と呼ばれる、共立てスポンジを作るところから始めます。ちなみに、卵黄と卵白を別々に泡立てて作るものは〝ビスキュイ〟と呼ばれ、コシが強く、存在感のあるのが特徴。対するジェノワーズは、ソフトな食感が持ち味で、やわらかいクリームとのなじみがいいです。

店では一度に大量の生地を仕込むので、電動ミキサーを使います。ミキサー用のボウルに、全卵とグラニュー糖を入れて空気を含ませながら泡立てたら、ふるった薄力粉、タンプータン（アーモンド、グラニュー糖を一緒に粉砕したもの）、溶かしバターと加えながら全体を混ぜ合わせていく。粉っぽさがなくなったら、これを天板に薄く流し込み、一七〇度のオーブンで三〇分ほど焼きます。深さのある型で厚く焼いてスライスする場合もありますが、ここでは生地にしっかりと火を入れ、乾かすように焼くために、あえて薄くのばして焼きます。

焼き上がりの一番の目安となるのは、焼き色。そして手で押すとほどよい弾力があること。また、生地中の水分が充分に抜けきれているかどうかも重要です。水分が残っていると、生地の香ばしさが出ませんから。このフレジィエは生地を焼き上げてから、アンビバージュする（シロップを打つ）ので、よりしっかりと、乾かすように焼かないといけないんです。シロップを生地に含ませるのは、酒などの別の風味をプラスすることで、生地にそれ以上の香りを与え、生地の旨みを引き出すためなんです。つまり存在感のある生地に仕立て上げるわけです。

クリームはクレーム・オ・ブール・ムースリーヌといって、バタークリームとカスタードクリームを合わせたものをここでは使います。

生地を二枚にカットし、焼き目側にたっぷりと刷毛でシロップを打ちます。クレーム・オ・ブール・ムースリーヌをパレットでまず塗り広げます。そこへ、ヘタを除いたいちごを並べていきます。まず外側のふちに添って置き、内側の隙間をうめるように並べます。どこからでもカットできるよう、きれいに並べてください。

その上にまた、クレーム・オ・ブール・ムースリーヌを落として、均一にパレットで広げていきましょう。もたもたしているとクリームがへたってきますから作業は手早く。形を整えたらもう一枚の生地を上に重ねて、冷蔵庫に入れて一〇分ほど締めましょう。

クリームが固まったところで、最後のデコレーションです。ここからはもう、作り手のセンスで好きに飾ってください。僕はバタークリームに緑の色素とモカエッセンスをごく微量入れて、深みのある緑色にしています。これで緑のツルを模したデコレーションを描くようになると、また春がめぐってくるのだなあと、ささやかな喜びを感じます。

Fraisier
フレジィエ

材料(15cmx15cm 1台分)

ジェノワーズ・オ・ダマンド

全卵 2個／グラニュー糖 80g／薄力粉 50g
タンプータン(作り方／ p50) 40g／溶かしバター 40g

クレーム・オ・ブール・ムースリーヌ

バタークリーム(下記の分量で作って125g使用)
無塩バター 100g／パーター・ボンブ(作り方／ p50) 33g
イタリアン・メレンゲ(作り方／ p50) 33g
カスタードクリーム(p96を参照し、前日に作っておく) 375g

生地用シロップ

キルシュ 50g／ボーメ30℃のシロップ(作り方／ p50) 50g／いちご 適量

飾り用

フランボワーズのナパージュ (作り方／ p50) 適量
緑の色素、モカエッセンス 各適量／いちご、ブラック・チョコレート 各適量

作り方

ジェノワーズ・オ・ダマンド生地を作る

1 全卵、グラニュー糖をボウルに入れ、ミキサーで攪拌する。ツヤが出て、すくうとゆるめのリボン状ができる状態まで泡立てる。
2 薄力粉、タンプータンを1にふり入れながら、底からすくい上げるように、手でくまなく混ぜる。
3 溶かしバターを2に加えて、さっくりと混ぜる。
4 オーブンシートを敷いた天板に生地を流し、170℃のオーブンで約30分焼く。焼けたら天板からはずし、冷ましておく。

クレーム・オ・ブール・ムースリーヌを作る

5 バターをポマード状にしておく。パーター・ボンブを加えて混ぜる。
6 イタリアン・メレンゲを作り、5に加えて混ぜる。→ここでデコレーション用にバタークリーム少量を取り分けておく。
7 作っておいたカスタードクリームをヘラで混ぜ、やわらかく戻す。6に加えて、ツヤが出るまでよく混ぜる。

仕上げる

8 ジェノワーズ・オ・ダマンドの生地を、半分にカットする。
9 生地の焼き目側に、合わせておいた生地用シロップを刷毛でたっぷり打ち、クレーム・オ・ブール・ムースリーヌの半量を塗り広げる。
10 いちごを立てて隙間なく並べていく。残りのクレーム・オ・ブール・ムースリーヌをのせ、パレットで均一にして、形を整える。
11 もう1枚の生地の焼き目側にシロップを塗り、10の上に重ねる。冷蔵庫に入れて10分ほど締める。
12 冷蔵庫から取り出し、フランボワーズのナパージュを上面に均一に塗り広げる。
13 取り分けておいたバタークリームに、緑の色素(数滴)、モカエッセンス(微量)を加えて混ぜる。紙でコルネを作り、これを入れてデコレーションする。
14 生地を15cm×15cmにカットし、いちご、ブラック・チョコレートを飾る。

[タンプータンの作り方]

皮なしアーモンド(1kg)とグラニュー糖(1kg)、バニラスティック(5～6本)を、
ローラー(粉砕機)に3回ほどかけて粉砕する

[パーター・ボンブの作り方]

グラニュー糖(250g)、水(80g)を鍋に入れ、108℃まで熱する。

よくほぐした卵黄(8個分)を加え、ミキサーでツヤが出るまで攪拌する。

分量はこれが最少。

[イタリアン・メレンゲの作り方]

グラニュー糖(200g)、水(70g)を鍋に入れ、122℃まで熱してシロップを作る。

ミキサーで卵白を泡立て始めながら、熱したシロップをボウルの端から流し入れる。

人肌になるまで、連続して回し続け、しっかりと熱を入れる。分量はこれが最少。

[ボーメ30℃のシロップの作り方]

グラニュー糖1350gに対し、水1000gの比率で合わせ、煮溶かして冷ます。

[フランボワーズのナパージュの作り方]

フランボワーズピュレ(200g)、グラニュー糖(200g)、
ペクチン(10g)を鍋に入れて沸騰させ、熱いうちにこす。

2

Cannele de Gironde

カヌレ・ドゥ・ジロンド

今から四〇年以上も前、ボルドー地方（ジロンド県）で、カヌレと出合いました。

「この黒いものが菓子？」

これが、カヌレを見た最初の印象です。

ガツーンと頭をハンマーでたたかれたような衝撃を受け、探究心が刺激されました。

一九九〇年代後半、日本でカヌレブームが起こり、菓子屋だけでなく、パン屋でも作られるほどの人気でした。最近ではその姿を見かけることも少なくなりましたが、うちでは今もカヌレを毎日焼いています。

人によっては、もはや時代遅れの菓子のように映るかもしれません。

作り続けているのはなぜかと問われると、おいしいのはもちろんですが、僕にとってさまざまな思いが交錯する菓子のひとつであり、その理由をひと言で語るのは難しいんです。

パリからマルセイユ、一二〇〇キロの旅

渡仏して、やっとのことで菓子職人としての職を〈シダ〉で得て、喜々として働いていたのですが、甘くて、重くて、どこの店も同じスタイルの菓子ばかり作り続ける現実に、いつの間にか菓子に対する情熱は薄れかけていました。

そんな時でした、パリ五月革命が起こったのは……。渡仏した翌年（一九六八年）五月、学生と労働者が、ド・ゴール政権に反旗をひるがえし、この暴動で店の窓という窓はすべてたたき割られ、建物も破壊されていきました。

この様子を目の当たりにしたら、僕ら関係のない外国人でも心が荒れてきますよ。日本の常識からは、とてもあり得ないことでしょ。僕は深く衝撃を受け、失職中だったことをきっかけに、とにかくそんなパリから一刻も早く出たくて、なけなしのお金で自転車を買って、パリを後にしました。

とりあえず国道七号線をたどって南下し、南仏、マルセイユをめざそう、と。全財産といえる所持金はたったの一二〇〇フラン、贅沢なんか皆無。二〜三フランで泊まれて、自炊のできるユースホステルを利用しての旅でした。

毎日、デコボコの石畳の道などを一五〇～一六〇キロ走ったので、あっという間に自転車にはガタがきました。それでも不具合なところをメンテナンスしながら無謀な旅を続けました。若かったから、自分が思いついたことは後先を考えず、なんでも挑戦ができたんですよね。途中、熱射病になって森の中で寝込んだり、急激な日焼けで上半身がやけどのような状態になったりもしましたが、自らの治癒力と根性で治しました。

何日間も肥沃な大地を見つめて、ただひたすら走り、農業大国のすごさを実感しました。地方では、パリの大暴動なんてまるで関係なくて、普段の生活が行われていましたから。牛の乳は搾乳しないといけないし、野菜はどんどん大きくなっていくから、それどころじゃないですよね。すべてがうまくいっているうちはいいけれど、ひとつがダメになるとたんに悲鳴を上げる日本とは、まるで比べものにならない、フランスという国のたくましさ、底力を僕は感じていました。途中、休みがてら観光をしながら、一二〇〇キロ先のマルセイユにたどり着いたのは一〇日後です。

達成感はありました。しかし、目的地にたどり着いてしまうと、これからどうするべきかと、こんどは途方に暮れてしまって。結局、余分なお金もないから、荷物を残してきたパリにまた戻ろうと、折り返すことに。

リヨンの近く、ビエンヌという村でお金も底を尽き、そこからは野宿です。道中で目にした果実をもいで食べたり、教会で食べ物を恵んでもらったり。ですがやはり、先立つものがなければ困りますから。

「どこか働けるところは、ありませんか?」

通りすがりのカフェに入って、農民らしきお客に頼んでみると、運よく一軒の農家を紹介してくれ、桃の収穫を手伝うことを条件に、住み込みで働かせてもらえることになりました。フランスでは一軒あたりの農家が所有する農地が広く、規模も大きいので、果物や野菜の収穫時期には、猫の手も借りたいほど忙しく、臨時で人を雇うのです。当時は、それをあてにした季節労働者も多かったようです。

寝るところも食事も心配いらないので、朝から晩まで、頭をからっぽにして働くことができました。約二カ月間をそこで過ごし、お金も少し貯まったので、再びパリに向けて出発しました。実は、菓子職人よりも自分に適した職業が見つけられるかもしれない、という期待を抱いての旅でもあったんです。大工でも、左官でも、なんでもよかった。自分を「面白そうだ」という気持ちにさせてくれるものなら。

でも、そんな心動かされる職業に、簡単に出合うことなどありませんでした。

はじめての厳しい労働体験

旅からパリに戻ったら九月を過ぎていました。あのすさまじかった人々の暴動も鎮まり、街は修復中で活気を取り戻しつつありました。僕はすぐに社会復帰して働く気にもなれず、部屋の中で数日間くすぶっていました。

ワイン大国フランスでは、この時期、ブドウの収穫の真っ最中です。ふと中学生の頃に新聞で見た、一枚の写真が頭に浮かびました。それは、新聞記者がワインの材料となるブドウの収穫を体験した話とともに、ブドウ畑で働く様子が撮影されたもの……。

ちょうどいい、この機会に体験してみよう。

突然の思いつきで、ボルドー地方のある一軒のワイナリーに、つたないフランス語で手紙を書きました。「働かせてください」と。住所は、本屋に行ってその手の本に載っていた適当なワイナリーのものを書き写して。数日後に返事が届き、そこには、「いつでもいいから来い」と。喜び勇んで、すぐに飛んで行きました。

びっくりしました。そこは、ワインのラベルに描かれるような、ものすごいシャトーのワイナリーで、すでに四〇～五〇人の季節労働者が作業をしていました。

スペイン人、ポルトガル人らの労働者が多く、彼らはブドウを摘むためのいわば職人。寝具や鍋などの家財道具を一式背負い、スペインから始まってボルドー、ロワール、アルザス……と、ブドウの収穫とともに、各産地を北上するように渡り歩く人たちでした。真っ赤に日焼けした顔と、ちょっとやそっとではびくともしないような頑丈な骨格を持った体には、これまでの生きざまをもの語るかのような風格が具わって、それはもう圧倒されました。

一面のブドウ畑はこのまま地平線まで続くんじゃないか、とも思うほどの広さです。

夜明けとともにブドウの摘み取り作業は始まり、背中にかごを背負ってブドウを摘み取るんですが、まだ青く硬いものや、熟しすぎて腐敗が始まっているものは、味を損なうから摘むなと釘を刺され、選別しながらの作業でした。

一番いい時期に収穫を終わらせないとワインの等級に影響するので、時間との戦いです。だけど、中腰で作業を続けるのは、想像以上に骨の折れる重労働で、ずっと作業に集中するのは困難。そのうえ、仕事が遅いと、ビシバシ、鞭で容赦なくたたかれる。もう、地獄でした。

ブドウは、枝を傷つけないようハサミを使って切りますが、うっかり手を少し切ってしまうと、果汁がその傷口に泌みて、痛いのなんのって。

よく見ると、何十年もこの作業を続けている人たちの中には、指が四本や三本の人もいました。どうやらブドウを摘み取る作業中、刃物で指を傷つけ、果汁の強い酸によって、傷口もふさがらずにどんどん悪化し、ある日突然、指がもげてしまったらしい……。

これは、材料を扱う問屋さんから帰国後に聞いた話ですが、長年、銀座のフルーツパーラーに勤めた人も、果物の酸によって指の一本が失われてしまったと言っていました。その人も毎日忙しく、フルーツの缶詰めを開けては、フルーツパフェなどを作っていたそうです。はたから見れば、楽そうな仕事に見えるかもしれませんが、何十年も、ひとつの作業を繰り返していれば、そんな出来事も必然になってしまうのです。

それが労働というもので、彼らは指が失われても働き続ける、いわばプロの職人だったわけです。世の中に楽な仕事なんかない。どんな仕事もやるとなると、それ相当の大変さがつきまとうものです。僕は小さい頃から家の手伝いや、学生の時のアルバイトで労働の大変さを知っていたつもりでしたが、まだまだあまかったと実感させられました。


収穫作業は、日没とともに終了です。賄い係のおばちゃんたちが作った大鍋いっぱいの煮込み料理や、造りたての新酒を飲みながら夕食は始まります。好きなだけ飲んで、好きなだけ食べられる。

農民の生活を描いた、ブリューゲルの絵の世界と同じ光景が目の前に、そっくりそのまま広がって、あれは現実の世界を写したものだったのかと実感しました。彼らは一日の疲れを発散させるかのように踊り、歌い、食い、飲み、また踊る。それはもう豪快で、田舎の雰囲気に浸りきって、僕も楽しみました。

大変な重労働でしたが、この晩餐があったから、明日も頑張ろうと思える活力が湧いてきたんですよね。日本とは食のとらえ方がずいぶんと異なり、フランスの食文化の深さや、豊かさの幅を感じさせる貴重な体験をしたと思います。これまでの僕の人生をふり返っても、一番の疲労感を味わった労働でした。でも、憧れだったブドウ刈りはもうこりごりです。

呼び起こされた菓子への思い

収穫作業が休みの日、何もすることがないので気晴らしをしようと汽車に乗って、隣駅のリブーンまで行きました。街を散策していると、〈ロペ〉という小さな菓子屋が目に入って。菓子のことを忘れたくてパリを逃げ出してきたのに、菓子の存在が心のどこかで引っかかっていたんですね。

せっかくだからと店に足を踏み入れると、パッと目に飛び込んできたのは、山積みに盛られた、焦げたような真っ黒い物体。

「なんだ、これ?」

当時、パリの菓子屋に並んでいたクラシックな菓子とはまったく形状が異なるものだったから、半信半疑で、さっそく買って食べてみました。べらぼうにおいしい、というわけではなかったけれど、あの表面の固さと、内側の独特のやわらかな触感、そしてラム酒とバニラの風味、外見からは想像もできない味に、驚きました。

「なんだ、まだまだ知らないことが、俺にはたくさんあるじゃないか」

遠くなっていた菓子に対する思いが、このカヌレによって呼び起こされ、菓子職人として働く希望を、再び持つきっかけになったのは確かです。

また、初めて見るその菓子の表現に、フランス菓子の真髄が隠れているかのように思えたわけです。作り手の思想が込められた、いい菓子だと思いました。

ブドウ刈りのアルバイトを終えてパリに戻ってからも、僕はその店に二度、三度と足を運びました。いや、もっとだったかもしれない。得体の知れない菓子の作り方を知りたくて、店主に聞いたのですが、何ひとつ教えてはくれませんから、僕はそのたびに食べてルセットを考えました。独特な型の入手先も、しつこく、しつこく聞いてみましたが、首を横にふるだけ。結局、すべてがわからずじまい。

パリの職場でフランス人に話しても、カヌレの存在を知る人は誰もいませんでしたし、興味さえ持たれませんでした。だから今頃になってフランス人がトラディショナルだとか、古典菓子だとか騒ぐのは、何を言っているんだろう、と正直思いますよ。

当時、フランスではその土地から出してはいけない門外不出の菓子がたくさんあって、カヌレもそのひとつでした。今ではボルドー地方の銘菓としてフランス全土に広がり、空港の土産品として売られるほどの人気菓子ですが。

この菓子の存在が知られるようになったのは、現代のフレンチ・パティスリーの帝王と言われているピエール・エルメが、〈フォション〉で売り出したことがきっかけです。

彼は一四歳で、現代フランス菓子の基礎を作ったガストン・ルノートルの工房に入り、その天才的な才能をルノートルに見出され、〈フォション〉に送り込まれました。

数年後、異例な若さで彼はシェフ・パティシエとなり、次々と新しい発想の菓子を作り上げていきました。それと同時に、フランス各地に伝わるトラディショナルなものも作り始めたのです。カヌレや、クイニーアマン[*3]といった、フランス人さえも知らなかった菓子を発掘しながら、ブームのきっかけを作りました。このブームで、ボルドーにはカヌレ協会が設立され、フランス全土にまたたく間に広がっていきました。

世間に広がって、たくさんの人に愛されて食べられるのはうれしいことですが、単純に、いいことばかりでもありません。いつの間にか、効率化ばかりを考えて作られるようになり、最も大切な部分が抜け落ちてしまうことだってあります。

僕が店でカヌレを作るようになったのは、青山にあった〈ドンク〉で食べていたから。

「これ、あったね!」と、当時を思い出しました。でも、ルセットがなかったので、自分で食べた感覚、記憶だけを頼りに、試作を何度も繰り返しました。

古い文献には、多少はカヌレのことが載っていました。配合そのものは紹介されてはいませんでしたが、これは蜜蝋《みつろう》を使うとか、こんな型で焼くとか、いろいろな決まりについて書かれていました。この決まりは重視しないといけないです。伝統菓子ですから。

それと時代背景や、その土地の風土・環境を少なからず理解しておかないと……。カヌレが作られた背景はこうです。

ワインの澱《おり》を除くために、昔は鶏卵の白身を使ったので、残った卵黄の利用法として考え出されたものだったと言われています。つまり、ワインの一大産地として有名なボルドーならではの、環境的要素から生まれた菓子だったわけです。

これを知って菓子を作るのと、知らないで作るのとでは、菓子への思いの注ぎ方は違ってきます。粉を量ったり、卵を割ったりするような単純な作業でも、そこに気持ちがあるかどうかで、仕上がりに歴然とした違いを生む、と僕は思う。

日本でも、このカヌレが人気になった時期がありましたが、ひとつの菓子が話題になると、どこの店もこぞって同じ菓子を作って売り出し、やがてブームが去ると、何事もなかったように、スッとどこかに消えてしまう……。

これじゃあ、流行《はや》っているから作って、稼げるだけ稼いじゃえ、というのがみえみえです。菓子屋の仕事って何なの？　儲けることは必要だけれども、それだけ？　もっと作り手の本質のところ、意地みたいなものがあっていいんじゃないかなあ。そういうのを大事にしてほしいです。

他人のレシピをただなぞって作るだけでは、菓子屋としての仕事が浅いとも思うし。菓子には基本のルセットがありますから、とりあえずはそれに従って作ればマニュアルどおりのものができます。作り手のこだわりの部分がなくても、けっこう旨いものができちゃうんです。粉やバター、卵といった決まったものが主な材料なのでね。

しかし、ルセットがないものを作れと言われて、「想像力がないからできない」では困る。作る人のもっと本質的な考えがあって、職人の意地みたいなもので、菓子を作ってほしいと僕は思います。

ベーシックなおいしさを定番に

僕の作る菓子のイメージが定着したのは、一九九三年に中央公論新社から『フランス伝統菓子』という本を出してからのことでしょう。

最初からフランスの伝統の菓子を作ろうと思ったわけではないんです。僕の中で「おいしいし、面白いから」という思いがあったから。いまだにその思いが捨てられないからやっているだけです。

タルトにこだわるのであれば、種類は数限りなく作れるでしょう。アレンジの方法もいくらでもある。でも、それだけを追いかけていたのでは、菓子職人としての仕事の幅は広がっていかない。そうしたらとりあえずは「ベーシックで、安心できて、おいしいもの」。これが僕の中の定番になったんです。

安心というのは、大きいですよ。

僕が外食をする時はたいがい、安心して定番料理が食べられる店に行きます。流行りの店に行って、いろいろな意味で「えーっ、こんな料理なの?」と思うのは残念ですから。安心して食べられる店、そんな存在の店があってもいいんじゃないですか。

「伝統菓子」と呼ばれるものは、時代が作ってしまったのかもしれない。伝統というのは、いつの時代からのものを指すのか、正確にはわかりません。前の人たちから受け継がれているものを我々は伝統菓子と言っているだけです。

伝統菓子には、絶対に僕らが手を加えてしまってはいけない。あるべき姿をしっかりと伝えていくものだと思うから。これが、僕ら菓子職人の役目です。あくまでも昔のルセットを尊重していかないと。伝統は先人が作ったスタイルであって、これを、売りたいがためにもっと包装しやすい形を作りたいとか、そういうやり方をするのは、違うと思います。

フランスの伝統菓子を見ようと地方をまわっているときに、ある店で、元来のオリジナル菓子名を隠して形を変え、オリジナルの名前をつけ、あたかも自分の店で創作したかのようにして商売をしているのに出くわして、店の主人と口論したこともありました。菓子屋のモラルから離れすぎちゃうよ、そんなことをしたら。先人が作ったものだから「伝統菓子」なんです。自分が創作したのなら、自分で好きな名前をつけましょうよ。伝統を名乗るのは、やめてほしいです。

伝統菓子を受け入れるなら受け入れて、ちゃんと自分の中で消化して、自分で表現していく姿勢がないと。菓子屋には菓子屋の法律があるのですから……。

*3 **クイニーアマン** ブルターニュ地方の伝統的な焼き菓子。イーストを使った生地にバターを織り込んで丸く成形し、表面にグラニュー糖をたっぷりとふって焼き上げたもの。

カヌレ・ドゥ・ジロンドを作る

見た目は無愛想ですが、素朴ないい菓子です。フランスの文化を語るのに、カヌレの存在がなかったら困るくらい、大事な菓子のひとつだと、それくらいに僕は思っています。

二〇年前にカヌレをうちで作り始めた頃は、まだルセットがなかったので、僕が食べた食感を思い出しながら試作し、失敗ばかり繰り返していました。

カヌレは中が特有の蜂の巣状に焼け、外側はパリッと硬く仕上がります。

この独特の個性の強い菓子を作るために検討した材料は、牛乳と粉、砂糖、卵。それに風味づけをするラム酒、バニラビーンズなど……。

これらの材料をまず混ぜ合わせて銅型に流し、オーブンで焼いてみました。流動状の生地なので、焼き固まる前に型の中で煮立って噴き出し、真ん中にぽっかりと穴があいて、最初は形にもならなかった。焼成温度が高すぎるのかと思い、温度を下げてみましたが、外側がパリッと焼き上がりません。では、材料が違うのか？　割合の問題なのか？　手順が違うのか？　いろいろな方法を考えては試しました。

ようやく思い描くかたちに近づいたのは、牛乳を一度煮てから一日ねかせ、卵や砂糖を加えてからもう一日ねかせるという方法でした。

最初は二日かけて作っていました。しかし、今は四日かけて作ります。何日もねかせたからといって、よりおいしくなるわけではありませんが、生地のグルテンが均一化するので、焼き上がりの生地の状態が安定するんです。

フランス菓子って、こうやって時間をかけてねかせながら作っていくものが案外多いんですよ。そうかと思うと旨さのタイミングを逃さず、どんどん作業を進めていかなければならないものもあって、ただがむしゃらになんでもやればいい、というわけでもなくて……ここが難しいところなんですが。


エルメが〈フォション〉でカヌレを売り出したことで、パリの製菓道具店でも、ギザギザの溝のついた小さな型を扱うようになりました。うちで使っている銅型は、この時期にパリで大量に買い求めてきたものです。シリコン製などの型もあるようですが、熱伝導のよい銅型で作るのがいいと思います。銅は錆びやすいので手入れが大変な面もあるのですが、用途に適した器具を使うことは、菓子をおいしく作るうえで重要なことです。

この銅型はもう二〇年以上使い込んでいるもので、これまで一度も洗っていません。こんなことを言うとなんだか誤解を招きそうですね。断っておくと、型っていうのは洗っちゃいけないんです。使ったその日のうちに、焼き残った生地をはがし、油分をきれいに拭き取っておくのがうちの店の手入れ法。

だから新しい型を使い始める時は、不純物の少ない澄ましバターを塗ってオーブンで焼くことを数回繰り返し、油分をまず型になじませる。もし洗ったら、せっかくなじんだ油分は取れてしまって、生地がくっつきやすくなる、というわけです。そのかわり、型の手入れは、毎日の作業が終わった最後にまとめて行うのが日課です。不衛生にならないよう、ここはしっかりと行う。

これは誰がやるという決まりはなくて、手が空いている人が率先してやる。僕も手が空いていればやります。店では菓子作りの担当は決めていますが、下っ端の人間だから型の手入れや掃除をやらなければいけないということはなくて、手の空いている人がやる。掃除も全員で行う。この厨房での行為は、すべてが大事なことなんですから、そんなのはあたりまえです。

たとえどんな小さな仕事でも、やる人はそれなりの意地を持ってやってほしい。この意地は最終的に、菓子作りを支える精神に繋がっていくものなんです。

Cannele de Gironde
カヌレ・ドゥ・ジロンド

材料（口径5.5cm×高さ5cmのカヌレ型12個分）

牛乳　500g
バニラスティック　1/2本
薄力粉　70g
強力粉　55g
グラニュー糖　250g
卵黄　45g
全卵　25g
ラム酒　43g
焦がしバター　25g
バター（型に塗る）　適量
ハチミツ（型に塗る）　適量

作り方

4日前

1　鍋に牛乳と、縦半分に裂いたバニラスティックを入れて十分沸騰させ、ボウルに移してラップをし、冷蔵庫で2日間ねかせる。

前日

2　ボウルに、薄力粉と強力粉、グラニュー糖を入れ、泡立て器でよく混ぜる。
3　ねかせておいた牛乳からバニラスティックを除き、2に少しずつ加えては混ぜる。ダマができてもよいので、練らないように混ぜる。
4　卵黄と全卵を溶きほぐし、2に加えてさらに混ぜる。
5　ラム酒を加え、温度を下げた焦がしバターを加えて混ぜる。
6　こし器でこし、ダマを取り除く。
7　バニラスティックを戻してラップをし、冷蔵庫で12時間以上ねかせ。

当日

8　型の内側にバターを薄く塗ってから、ハチミツを薄く塗る。
9　ねかせておいた前日の生地をもう一度、こす。
10　型に9を8～9分目まで流し入れる。
11　230℃のオーブンで約1時間焼く。焼き上がったら、そのまま粗熱を取って型から出し、網にのせて冷ます。

★ボルドー地方に伝わるカヌレは、型に蜜蝋を塗って焼くが、その通りに作ってみると、固い蜜蝋が口の中に残る。この後味の悪さに抵抗があったので、僕はバターを塗って、ハチミツを薄く塗るやり方に変えている。

3

Chou Parigot

シュー・パリゴー

たとえば、自分は菓子を作る人間になると決めたのなら、動機は弱くても、それなりの時間と経験を積んで、それを貫徹させるのが一番の近道で、一番いい方法だと思います。なぜ僕がこんなことを言うかって、フランスでの初めの三年間は、余計なまわり道ばかりしてきたからです。菓子職人として一人前になりたいと強い思いを抱きながらも、一カ所の店に長く勤めることができず、いくつもの店で働いてきました。

初めての店でも、働き始めて一週間あれば、自分の持ち場の作業はできるようになりました。だって毎日同じことの繰り返しだから。で、一カ月もいると店全体の流れが「ここは、こういうことか」ってつかめちゃうから、もう飽きてしまって、それ以上その店での仕事が続けられなかったんです。

ある時は一カ月、ある時は一年という具合で、それがフランスでの僕の生き方でした。僕のような働き方をしている人は、あまりいないでしょうね。飽きっぽいんですよ。みんなはよく飽きないなあと、逆に感心しますよ。

今から思えば、その職場に長く留まれば学ぶこと、得ることはあるでしょう。でも、きりがないから、僕は「ここでいいや」と潔く辞めた。結果的にはいろんな店に入って、その店の方法論を知ったことは、大きな収穫でもあったんですが。

自問自答する日々

ボルドーでのブドウ刈りのアルバイトを終えてパリに戻ってきても、菓子屋のありようは以前となんら変わりがないことに失望しつつ、でも、自分が働ける場所は、菓子屋以外にはないんだなあと思っていました。

そんな状態でいたときに、仕事というものを考えさせられたのは、〈ポンス〉という店で働くようになってからです。二年間という一番長く勤めた店で、ここで働いているときに日本人の絵描きさんたちと出会ったことが、今の僕の核にもなっています。さまざまな人から、いろんなことを教えてもらいました。

同時に、この時期の僕はまだ、価値観、習慣の違いに戸惑って、フランスになじめずにいたんです。だから、ずいぶん悩みました。

辛かったあ……このひと言に尽きます。部屋の中に一人でじっとしていると、心が閉ざされてどんどん落ち込んでいくので、よく外へ出かけました。向かう先はいつも、セーヌ川の岸辺でね。

ポン・ヌッフと呼ばれる古い橋の下に、ひとり腰を下ろし、川の流れを見つめて考えていました。すぐ隣ではデートを楽しむカップルがいるというのに、僕はただひとり、真剣に悩んでいた。

フランス語もまだ満足には喋れなくて、親しい友だちもいなかったので、孤独になって徹底的に自分と向き合っていたわけです。もし、フランス人とのつき合いをもっと活発にしていたならば、あんなには悩まずにすんだでしょうね……たぶん。

子どもの頃から親と対等に物事を言い合う、強い自立心を持ったフランス人と、僕は対等な立場に、簡単にはなれなかった。そんな僕の考えが幼いと気づかせてくれたのは、フランス行きを応援してくれた兄でした。兄との手紙のやりとりの中で、唯一、悩みを打ち明け、相談ができたんです。ひとまわり以上の年の差がある兄は、僕よりも人生経験が豊富だから、いろいろなアドバイスをくれました。

「食文化も、価値観も違うのだから、悩んだってどうにもならない。お前が変われ」。この手紙で、僕は精神的にずいぶん助けられました。

悩みに悩んで、じゃあ、明日からはこうしようと思うけれど、一晩寝るとその考えは、また変わる。毎日逡巡し、自問自答を繰り返す。この時の僕は、負のスパイラル状態に入り込んで、簡単にはそこから抜け出すこともできず、ひとり、もがき苦しんでいました。

今ふり返れば、悩み続けて、逃げなかったことがよかったんだと思います。行き場はないし、お金もない、逃げようにも、その方法がなかったから。

お金がないということは、若い時はいいことなんです。余裕があるとダメです。方法的に、そこから逃げられるから。お金がないから追い詰められることができるわけで、いい部分もたくさんあるんですよ。

そんな現実を打破しようと気をとりなおして入った〈ポンス〉では、しっかり勤めることが大事だと自身に言い聞かせ、仕事を続ける努力をしました。二〜三カ月で仕事を辞める自分をだらしがないとも思っていたので、どれくらい辛抱できるか試そうと。ダメな人間なのかもしれないと追い込まれていましたからね。それと、菓子屋の仕事を本気でやらなかったら、フランス菓子が何であるかもわからないのですから。

そんな時でした。ふと日記でもつけてみようか、と思い立ったのは。

気持ちを改善する糸口にでもなればと、まずは一冊のノートを買って。日記帳だと身構えてしまうから、ただのノートに、日付とその日に起こった出来事や、感じたこと、シェフへの不満、人が喋ったこと、どんなことでもいいから書きつづることにしました。

はじめは日記をつけることに抵抗があったけれど、「たとえ一行でもいいから毎日書く」、これを目標に一年半ほど続けました。

人生、後にも先にも、日記をつけたのはこの時だけです。このノートは日本に帰国する際に処分してしまったので読み返すことはできませんが、当時はあとで読みなおし、自分を見つめなおす材料として、役立ちました。こういう時は、こんなアクションを起こせばいい。こういう時は、こういう考え方で対処して切り抜けようとか。

その時は熱くなっていても、時間が経過すると冷静になって判断ができるものです。僕はそこに書かれる日常のひとつひとつを反省したり考えたりしながら、日本人である自分を変えていきました。

ちなみに、店の若い子には、日記を書くことをすすめたことはないですよ。こういうメンタルなことは、強制しません。釣りが好きなら釣り、パチンコが好きならパチンコ、なんでもいいんです。本人の好きな世界の中で、環境づくりをしていったほうがいいと思うから。

きっかけは古典菓子

「勝手に僕がフランスという国に来ているのに、日本人である自分の意見をフランスで通すなんて不可能。フランスで学びたいことがある以上、僕が変わらなければ仕方がない」ある時から、日本人である自分の考え方は、すべて捨てることにしました。

自分の中にもう一人の自分を作り、観念させた。

それからです、少しずつフランスにとけ込めるようになったのは。自分から話をすれば、相手も垣根をとっぱらって、口をきいてくれるようになりました。止まっていた歯車がようやく調子よく回り出したかのように、が然、仕事が面白くなってきたとき、次へのステップとなる店を、〈ポンス〉のパトロンが紹介してくれました。

それが〈ポテル・エ・シャボー〉です。ここは一九世紀パリ万国博覧会の時に、ナポレオン三世が宴会を開いたという店で、社長はムッシュ・バタイエという人でした。ピカピカのロールス・ロイスに乗って社長は出勤し、服装も超一流、ここは上流階級の社交場なのだと思いました。店の便せん一枚からでも、歴史を物語るかのような雰囲気が漂ってきて、自分がこんなすごいところで働けることに素直に喜び、また緊張もしました。

ここでは、それまで経験がなかったアイスクリーム担当のグラシエを希望して入りました。厨房は、店の長い歴史を物語るような古めかしさで、道具類もアンティークといえるようなしろものを使っていました。冷凍庫も効いているのかどうかわからないくらいの程度のもので。

アイスクリームは当時、錫《すず》で作られた型で抜いていました。

マジパン[*4]や飴で装飾して作ったかごに、花や果物の形に型抜きしたカラフルなアイスクリームを盛った「コルベイユ・ドゥ・フリュイ」というものがあって、宴会の時には、楽器のホルンの形に作ったヌガティーヌ[*5]に、アイスクリームが転がるような仕掛けを作って演出していました。ここは古典的すぎるくらい、すごかった。

おそらく、料理のフランス革命と言われた七〇年代初めに起こったヌーヴェル・キュイジーヌのあたりから、コルベイユ・ドゥ・フリュイといった伝統的な菓子は、宴会でも出されなくなり、姿を消していったのでしょう。ともかく、ここでの仕事は菓子屋とはまったく異なる内容でしたから、面白かったですね。

国賓クラスの宴会は、ブローニュの森に佇む大きな館のレストランで行われ、ふだんは決してお目にかかることのない料理や菓子が作られ、それはそれは見事。

大事な宴会の予定が入ると、店のディレクターから今回はどんなスタイルでいくのか、会場や食卓の演出法、ギャルソンの服装といった具体的なことまで説明を受けました。

菓子のデザインもすべて、宴会の趣旨によって考えられます。専門の担当者が設計図のような絵を用意し、それに従って菓子を作りました。まさに、古典菓子の世界そのもの。高さ二〜三メートルものピエスモンテ(高く積み上げた飾り菓子)を作るときは、大工と一緒に制作していきます。建築様式を模した菓子だったので、緻密に組み立てていかないと、華麗なものにならないからです。

ある時、「カレームの宴」という宴会が行われました。

フランス料理やフランス菓子に携わる人はご存じかと思いますが、カレームとは、アントナン・カレームのことで、一九世紀初頭に活躍した天才料理人。近代フランス料理の道を拓いた偉大な料理人であったのですが、食べることより、見た目の美しさを探究していました。料理を建築の観点から見つめて、次々に絢爛豪華な料理を作り上げていった。また、それ以上に素晴らしい彼の功績は、古くからあった料理や菓子を系統立てて、書物として残していることでしょう。

僕はここでの仕事を通し、カレームの世界に魅せられていきました。

発想刺激する古書を今も手元に

また、仕事とは別に、絵描きさんらと交流をもったことで、料理の古い文献にも興味をもつようになり、古典菓子や伝統菓子などの世界に、どんどん引き込まれました。

それらの古書は一九世紀初めに出された貴重なものでしたから、最初はパリ中の古本屋を探しまわっていました。でも、料理書を扱う店は限られますから、最終的には数軒に見当をつけ、入荷したら連絡をくださいと、店主に頼み込んで。

なにしろ僕の敵は金持ちのコレクターですから、店にはあらかじめ手付金を打つなどの根回しをしたり。かといって当時の僕の給料からすれば、目の玉が飛び出るくらいに高額なので、毎月、本を買うための資金をコツコツ貯めて、少しずつ手に入れていきました。一番高額だった本は三〇〇〇フランで、僕の給料の三倍もの値段でした。

今でも仕事を終えた夜に、フランスで手に入れたこれらの古書をよく開きます。彼らが活躍した時代の菓子は、もう実際に見ることはできませんが、ルセットは今でも充分通用するし、そこには新たな菓子作りのヒントが潜んでいるように思えてきます。

僕が料理に関する古書の世界に夢中になったのは、古いものの中に、逆に新鮮なものが見えたからです。

フランスで修業していた頃は、発想の刺激になる瞬間があちこちにありました。街を歩くだけで、すれ違う女性の香水の匂い、木の香り、地下鉄の匂い、これだけでひらめきました。ところが日本では苦労します、発想のきっかけになるものがなくて…。何かのきっかけをつかまなければならないから、そのため日本で新しい菓子を創作するときに最も刺激になったのは、古書の存在です。

手元にある古書を一〇〇パーセント読んでいるかと訊ねられれば、まだ、全部は読みきれていないでしょう。自分で訳すので、わからない文法があったり、間違った解釈もしていると思いますよ。でも、そんなことより、そこから得る発想や、創造の喜びは大きいんです。漠然とページをめくっているだけで、自分の気持ちを、当時と同じような思いに戻してくれることもありますし。

「本から得るものは大きいよ」と、店の若い子たちにも言っています。そして、本を買うのならフランス語で、写真がついていない、文字だけの難解なものを買いなさい、と。菓子は、文字だけだと簡単には想像がつかないですからね。そこが、いいところです。

辞書を引きながら、見た目はこんな感じだろう、味はこんな感じかなあと、自分なりに想像することで夢中になれる。これが日本語であれば、苦労もせずに簡単に予想がついちゃいます。考えないと、その面白さは生まれてきません。

〈ポテル・エ・シャボー〉では、忙しい時は朝三時頃に出勤し、宴会ともなれば夜一一時過ぎまで残って仕事をしました。その一方で宴会のない暇なときは、朝六時に出勤してもすぐに帰っていいということもありました。会社の事情ですから、一日分の給料はもちろん出ました。そんなときはフランス人の友人とビリヤードをして遊んだり、部屋で古書を読んだりして過ごしました。

フランス人は、自己責任という考えが中心にあって、個の意識がものすごく強い。彼らと一緒に会話を交わして遊ぶつき合いをするようになってから、そう認識することになりました。そんなフランス男性の強さをイメージして、シュー・パリゴーという菓子も作りました。

〈ポテル・エ・シャボー〉での仕事は、まさにカレームが手がけた古典菓子の延長線上にあるような世界で、一〇〇年近い伝統を守る、昔ながらの職人仕事は魅力でした。そして、すべての菓子の味がおいしかったことも、うれしかった。

今、店で作るアイスクリームの味の出し方は、ここで経験したことがベースとなっています。また、ここに入ったからこそ、チョコレートも勉強しよう、ホテルの仕事もやってみようという気持ちにつながっていったんです。

これは僕の経験から言うことですが、修業する店なんて、本当はどこでもいいと思う。その店その店で覚えることは必ずあるものだから。

決して名の知れた名店である必要なんかないですよ。店によって、いろいろな方法論、理論があるから、それを知るだけでも意味がある。そのうえで将来、自分に合った方法をチョイスして、自分なりの理論を構築していけばいいんです。

中途半端な店で修業をするよりも、街のパン屋で粉まみれになって、菓子屋よりも高い給料をもらって働くほうが、充実できるかもしれません。お金があれば、それで人より多く遊べるから楽しくなるわけで、それがまたいい意味で、仕事への励みにもつながるでしょう。

それが嫌なら三ツ星レストラン、あるいは有名店のしっかりしたところで働きなさい。僕は三ツ星レストランで働いたことはないですが、三ツ星だとやっぱり、ひとつひとつのものに品格があります。ブリオッシュみたいなものでも、違うなという雰囲気が漂ってくる。そこには、仕事をやる気にさせる要素もたぶんあるでしょう。両極のようなところで働ければ、まったく違って面白いかもしれません。

僕がフランスで修業した店のほとんどは、もう残っていないです。一人のシェフに傾倒して働くなんていう考えはなかったから、街の菓子屋的な店が多かった。でも、自分が選んだ道は正しいと信じていますよ。

果たしてこの道でよかったのかどうか、それは今もわかりません。でも、後悔なんかしていない。したってしょうがないことだもの。自分が選んだのだから、それでいい。それを肯定するための努力をどうやって仕事に表わしていくかが、本当の問題であってね。

画家たちとの出会い

フランスで人生の転機となった出会いのことを、話しておきましょうか。日本人の絵描きさんたちとの出会いです。日本にいたら、畑違いの絵描きさんらとの接点など、たぶんなかったでしょうから、これもフランスへ行ってよかったと思うことのひとつです。

彼らは、僕が菓子職人として働くうえで、大事な要素のひとつを授けてくれた、そう思います。当時、モンパルナスの横のほうに、絵描きさんらが行きつけのバーがあって、そこに僕もときどき入れてもらいました。

初めは世間話をしているのですが、酒量が増すにつれて、お喋りは激論と化し、最後は喧嘩で終わる、なんてことがよくありました。みんな自分の哲学があるから、他人の意見に簡単に同意することなんかできない。だから熱くなるわけで、それは、すごかった。

彼らの博学ぶりにも驚きましたね。絵とは関係のないジャンルの本を、ものすごく読みあさっていて、話題がとにかく豊富です。自分を高めるために本を読む、その姿勢に刺激を受け、僕は感化されていったわけです。

なかでも、見るからにたくましい九州男児風の多賀谷伊徳さんという人は、いろいろな意味ですごかった。この時は五〇代くらいだったでしょう。よく可愛がってもらいました。前衛的な抽象画家で、〝東京の岡本太郎、九州の多賀谷伊徳〟と称されていました。今でも九州の公共施設のような場所では、多賀谷さんの絵があちこちに飾られています。北九州市庁舎のロビーには、大きな壁画が展示されていると聞きました。

会うと、「こんど、家に遊びに来なさい」としつこく誘ってくれるので、いやいやながら自宅に行ったんです。ああ言えばこう言うみたいな、返事が三倍になって返ってくるような人なので、実は気が重かったわけです。でも話を聞いていくと、知識が深いから面白いし、思考法もユニークで、多賀谷さんの魅力にどんどん引き込まれていきました。

骨董屋、美術館、教会と、いろいろな場所に連れて行ってくれました。骨董屋では椅子を見て、なぜ椅子が四本脚なのか、椅子を作ったのはチェコが最初だったとか、そんな雑学を語って聞かせてくれたり。

また、「デザインは時代の背景とともにある」と教えられ、あの菓子は教会の造形をモチーフにデザインされているとか……本当かどうかは知らないけれど、勉強にはなりました。美術館に行けば、画家ならではの鑑賞法、物の見方も指南されたり。

古本屋も、多賀谷さんが誘ってくれて、そこで初めて古い料理書と出合ったのです。

これがきっかけとなって、古い料理や菓子について勉強してみよう、と思ったわけです。古典菓子というジャンルの引き出しが、僕の中にできました。帰国してからも多賀谷さんにはよくしてもらい、僕の結婚の仲人をしてもらったくらいです。

僕にとって忘れられないもうひとりは、太田忠さん。この人は、牧歌的な雰囲気が漂ってくるタッチで、汽車の絵をよく描く人でした。午前中からウイスキーを飲み、ボトルなんか軽く一本空けちゃう勢いで、それは楽しく酒を飲む。急性アルコール中毒で二回も救急車で運ばれたことがあるくらいだから、この人の身体は、どうなっているんだろうって不思議でたまりませんでした。

この頃の僕は、まだフランス社会にとけ込めず、友だちもいなくて孤立状態でした。三〇以上も歳の差がある太田さんからみれば、僕が職場での悩みを抱えていたことくらい察していたんでしょうね。いろいろ言葉をかけてもらいました。

「河田くん、人生はあせって、あせらず生きなさい」

心がぽっと温かくなるありがたい言葉は、この時以来、ずっと僕の胸に刻まれたままです。菓子を作る仲間との話題は、たいてい菓子についてのことになりますが、画家の人たちはあまり菓子を知らなくても、菓子屋のウインドーのディスプレイについてとか、それなりのうんちくを交えて話していました。

菓子屋を外から見ただけで、これだけのいろいろな奥の深いことが言えるのかと感心させられ、「菓子を作ることだけに興味が向いていては、視界は広がらない。もっといろいろなことに目を向けないと……」と気づかされました。人間的な豊かさも彼らにはありました。僕は絵に関する知識を持ち合わせていないので、多賀谷さんや太田さんの絵がどう素晴らしいのかをうまく説明はできませんが、彼らの絵は、誰にも真似のできない、その人だけのものがあった。それは、自分の世界観をしっかり持っていたからです。

菓子もそうですが、物には作ったその人の個性や感性が現われるから、価値があるのだと思います。

〝おいしさ〟は〝焼き〟で決まる

〈ポテル・エ・シャボー〉でアイスクリームの仕事を覚え、次に僕が向かった先は、〈コクラン・エネ〉でした。とにかくここは街の人気店で、早朝からフル稼働、次々と菓子を効率よく窯（オーブン）で焼き上げていきました。こんな忙しい店で、窯の担当としていっぱしに働けるようであれば、自信につながるのではないかという思いでここに入りましたから。

フランスのお菓子は、焼き方で味が左右されることが多かったんですよ。キュイ・ドールとは、「金色に焼く」という意味なんですが、これがすべての菓子に共通する、焼き方の基本でした。しっかりと生地に火を入れると、糖分が表面に浮き上がってくる。この糖分が焼けるからおいしそうな色、つまり金色に焼き上がるわけです。シュー生地も、とにかくしっかり乾かすように焼いていた。「焼き方が足りないと粉っぽいから、しっかり焼けよ」といつも言われていました。

この店では、とにかく多くの数をこなし、その感覚を養いました。やはり経験すると、一番腕が上達します。

窯を担当するには、なんと言っても体力と、強靭な精神力が必要です。外野で見ていたら、出し入れ作業をしているだけじゃないかって、簡単に見えてしまうのかもしれませんが、ここは、菓子の旨さを左右する重要なポジション。つまり、責任重大なわけです。

当時の窯は入り口が狭く、温度が固定でいじれない。おまけに窯の面積が広くて、一段に一二枚もの天板が入り、これが三段あった。今うちの店で使っているオーブンは、四段で各六枚ですから、どんなにその窯がやりにくいか、想像がつくでしょ。

ギリギリまで焼くから、入れ方を工夫して生地の出し入れをしないと、奥のものが焦げてしまう。もし、台なしにしたら、ものすごいけんまくで怒鳴られる。だから頭の中を常に整理して、グチャグチャにならないように努めました。

最初に入れた菓子は、こう焼けているはずだから取り出そう、あの生地は香ばしさを出すために奥の火の強いところに入れて二〇分焼き、手前に移動させようとか、それぞれの菓子のニュアンスを考えながら焼くのは、想像力がないとできることではありません。その想像力とは、作り手の気持ちです。

作り手が、「おいしいものを、どうやって食べさせてあげようか」と思うこと、これひとつなんです。単純に表面に焼き色がついたから、窯から取り出す、というものではない。よくあるのが、焼き色が足りなくて、白っぽい状態のものが出てしまうこと。これは焼く人の度胸と、知識のなさの現われです。

もしかしたらそれは食の仕事に向いていない、ということなのかもしれません。おいしさをどう表現しているのか、その意図がつかめていないわけで。

「焼き色がついた」。理論的には、焼けています。これを食べて、お腹が痛くなることもないでしょう。菓子屋はその点、お客さんから「生焼けです」なんていうクレームが来ることはないので、救われます。ただ、焼き色ひとつでもそんな程度の理解なら、おいしさなんて、とてもとても、食べ手には伝えきれないですから。

食の職業ですから、食べることについて、本人の表現の強さはどの程度なのかは、ふだんの会話にも現われます。食べることが好きなのはもちろんですが、食べ手と作り手では、その強さはまったく違います。ここを勘違いするなよ！

「菓子を食べるのが大好き」で職人をめざすのもいいですが、作り手の目線で、食べることについての評論をしなければいけない。作り手はね、食についての誰にも譲れない思い、心が熱くなる部分を持っていないといけません。

フランス修業に行くのなら

僕らの時代、フランス修業はまだ習いに行く感覚でした。一〇〇パーセント知らない菓子でしたから。シューを重ねたルリジュース、パイで作るミルフィーユも、日本では見たこともなかった。でも、今の人たちには、あたりまえに情報がいっぱいあるから、僕らと同じ感覚になれと言っても、それは無理なことですよね。

日本の技術のレベルは、フランスと変わらないところまできました。いや、それ以上でしょう。だから、日本からフランスに行って仕事を学ぶことは、もうないんじゃないかな。ただ菓子づくりの面白さ、仕事の合理性、方向づけなど、フランスに行けば感化される部分は、やはりあります。

「習いに行くんじゃないよ。フランス人が作る菓子を見に行くんだよ!」

仕事の流れの中での物事の処理の仕方、気持ちのあり方、価値観の違い、そこで生まれる言葉の投げ合い……。それは戦いに行くのであって、その気持ちのレベルで行かなかったら、行く意味がないですよ。

ここ一〇年で、ワーキング・ホリデーを利用してフランス修業に行く人が増えています。現に、うちの店の若い子も、このビザを使って一年間の修業に行くことが多いです。その多くは、行ってから働く店を探すのではなく、行く前にすでに決めて行くようです。海外だし、保険をかけないと不安になるんでしょうね。その気持ち、わからなくもないけれど……。僕らが渡仏したときは、不安だらけでしたから。

フランスに一〇年いるわけじゃない。一年後にはいやでも日本に戻って来るんだから、面白そうな店に飛び込みで入って三カ月間みっちりと働き、あとは好き勝手にやってくればいいと思いますよ。どんなに苦しくても一年、食えなくても一年。この一年間を笑い話で語れるくらい、いろいろな経験をしてほしい。無責任な意見じゃなく、本当にそう思うから。僕なんて、一〇年間フランスにいたけれど、仕事をしたのはトータルで六年くらい、あとは仕事もせずに好き勝手なことをして過ごしていました。お金がなくなれば、また一生懸命になって働く。この繰り返しでした。

フランスでは何でも経験していいんです。失敗すること、辛いこと、これを自分で楽しむ方向にもっていかないと。そこで経験したことをわかって、次に進んでいけばいい。また同じことをするかもしれないけれど、それはそれです。それでも、けっこう成長する部分があるし、何かが見えてくるんじゃないかな。

最近残念に思うのは、フランスから帰国した若い子には、ちっともそれが感じられない。きのうまで渋谷にいたの？　という雰囲気です。フランスの面白い話題を聞かせてくれよ。女性の香水の匂いをかがせるくらい、フランスかぶれでもして帰ってこいよ、と思います。

こんなことを店の若い子に言うもんだから、なかにはフランスでムチャクチャやって帰ってくるやつもいるんです。とんでもなく化けて大きくなって帰ってきたやつ、強制送還されたやつなんかもいる。でも、そういうやつらは処理の仕方、話題のあり方、経験が豊富だから、一緒にいると楽しいいし、面白い。それで人よりもちゃんと旨いものを作る。それはそれで、もの作りにちゃんと生かされているんですよ。

「どうにでもなるから、とりあえず鞄に荷物を詰め込んで、行ってこいよ」と言って、先日も二人、フランスへ送り出したところです。

＊4 **マジパン**　粉状のアーモンドに、砂糖類（グラニュー糖、粉糖、水飴）を混ぜて練ったもの。
＊5 **ヌガティーヌ**　グラニュー糖で作ったカラメルに、細かく砕いたアーモンドを絡めて薄くのばしたもの。
＊6 **アントナン・カレーム**　一七八四～一八三三年。ロシア皇帝らに仕えた料理人。カレームの創作や改良による料理や菓子、道具は多く、絞り袋もそのひとつ。

シュー・パリゴーを作る

〝パリゴー〟とはパリ野郎、我ながらいい名をつけたものです。ハードに乾いたシュー皮とアーモンドが香ばしく、小ぶりなのに食べ口はしっかりしている。そして、〝コクミ〟のあるねっとりとしたカスタードクリームとのバランスもちょうどいい。自画自賛のできですよ。シュークリームって、女性的でソフトなイメージの菓子でしょ。でも、パリッと焼いたシュー皮の香ばしさを伝えようとしたら、いつの間にか〝野郎〟になった。

菓子作りは、迷ったらダメですよ。何を迷うの？　迷う人には、おいしい菓子は作れない。自信を持って作ったほうが、絶対おいしくできる。たとえ焦げたり、形がかっこ悪くても、そのほうが絶対においしいです。そういう気持ちは食べ手にも伝わる。それが、もの作りの面白さです。

シューの菓子は、作り手の考えを最も表現する菓子だと思っています。シューはクリームを詰めるので湿気《しけ》やすいでしょ。だから、しっかりと生地を乾かすように僕は焼き上げる。そのためにはシュー生地（パーター・シュー）を練るプロセスはおろそかにできません。

まず鍋に牛乳、水、バター、グラニュー糖、塩を入れて沸騰させる。一〇〇度になると、これらは仲よく混じり合う。ここで火を止め、薄力粉を一度に加えます。温かい液体に粉を入れると、グルテンの粘度が非常に強くなり、これが力強くシューを持ち上げる秘訣です。

再び鍋を火にあてて、底をこそげるようにヘラで混ぜていきます。生地の水分をとばして、より強いシュー皮にするためです。鍋底から生地が離れるようになったら火を止めます。水分を残すと、やわらかい皮になってしまいます。

この時の生地の温度は七〇〜八〇度でしょう。少し待って六〇度くらいに下がったら、卵を一個分くらいずつ入れて練るように混ぜ込んでいきます。ここが一番の見極めどころ。練り上げた状態で、シューの固さ、生地の密度が変わってきます。鍋の表面積に対して作る量が少ないと、水分が余分に蒸発するので少し固めの生地になります。この場合は、卵黄を少し足して調整をするといいです。

ツヤが出てきたら、そろそろ仕上がりに近づいています。生地をすくって三〜四秒かけて下に落ち、ヘラについた生地は三角形に残るのが理想です。天板に絞り出し、焼き色を調《ととの》えるための全卵を塗り、フォークで表面を少し押さえましょう。

シューの香ばしさをより楽しめるよう、僕なりのひと工夫で生の刻みアーモンドをふりかけ、オーブンへ入れます。

二〇〇度でまず二五分、一九〇度で二〇分焼きます。大きさの割に焼成時間が必要で、とにかくパリッと乾かすよう、じっくりと火を通すことです。

シュークリームをおいしく味わうためには、中に詰めるカスタードクリームも重要です。どこの店でも作るカスタードですが、その味は千差万別で、ここにも作り手の考えが反映されます。僕はタヒチ産の最高級のバニラスティックを使ってカスタードを作ります。最高級だから旨いとか、品質に優れるとは思わないけれど、バニラに関しては、これを使うことで理想とする旨さに近づけるから。

食べ物屋をやっている知り合いに、僕とは反対に、一番安いエチオピア産のバニラを賞賛する人がいます。「こういう材料で旨いものを作るのが、仕事に対するやりがいだ」と。ある時は桃の缶詰を使ってケーキを作る。彼が作ると、それはそれでおいしい。旨いと思うもの。でも僕は、高くてもタヒチ産を使う。この味わいが好きだし、気に入っているからこだわりたい。

それとカスタードクリームは、一日ねかせて、味を落ち着かせたものでないと僕は使いません。この違いを食べてわかる人が、どれくらいいるのかは知らないけれども。

Chou Parigot
シュー・パリゴー

材料(直径4～5cm約38個分)

パーター・シュー

牛乳、水　各100g
無塩バター　90g
グラニュー糖、塩　各4g
薄力粉　120g
全卵　160g
全卵(塗る卵)、アーモンド(細かく砕いたもの)各適量

カスタードクリーム(でき上がり約1200g)→前日に作っておく

牛乳　750g
バニラスティック　3/4本
卵黄　7.5個分
グラニュー糖　189g
強力粉、無塩バター　各75g

作り方

前日《カスタードクリームを作る》

1 鍋に牛乳と裂いたバニラスティックを入れ、火にかける。
2 ボウルに卵黄とグラニュー糖を入れ、泡立て器で白っぽくなるまで混ぜる。強力粉を加え、粉が見えなくなるまでさらにすり混ぜる。
3 鍋の牛乳が沸騰したら1/3の量を、2のボウルに加えて混ぜてなじませたら、1の鍋に戻して混ぜる。強火にかけ、泡立て器でツヤが出るまで混ぜていく。すくうと〝ツッ〟と落ちる状態ができ上がりの目安。
4 バターを加えてしっかりと混ぜたら、バットに移し、ラップを密着させて粗熱をとる。冷めたら冷蔵庫で1日ねかせる。

当日《パーター・シューを作る》

5 鍋に牛乳、水、バター、グラニュー糖、塩を入れて強火にかけ、沸騰させる。
6 火を止めて薄力粉を加え、粉が見えなくなるまで混ぜる。再び強火にかけ、木べらで混ぜていく。鍋底から生地が離れるようになれば、火を止める。
7 約60℃まで下がったら、全卵を1個分加えて混ぜていく。クリーム状になめらかになったら次を加える。ヘラですくって3 ～ 4秒かけてゆっくり下へ落ちていく状態が、生地としてちょうどいい目安。
8 天板に、口径12mmの丸口金をつけた絞り袋で、間隔をあけて直径4cmに絞る。塗り卵を刷毛で塗り、フォークで表面を押さえる。アーモンドを表面に付着させる。
9 200℃のオーブンでまず25分焼き、190℃で20分、生地の状態を見ながら焼き時間を調整する。

仕上げる

10 作っておいたカスタードクリームをヘラで混ぜ、やわらかくなるまで戻す。
11 シュー生地の底に小さな穴をあけ、カスタードクリームを絞り入れて底を下にして置く。

4

Bonbon au chocolat

ボンボン・ショコラ

〝トリュフ・ドゥ・ジュール〟「その日、一日のトリュフ」と銘打って、〈ラ・メゾン・デュ・ショコラ〉のロベール・ランクスが売り出した時期がありました。

「チョコレートの鮮度」なんて言われるのも、ここ一〇年くらいでしょう。それまでは日持ちのする、保存食的なイメージが強かったですから。

でも、食べ物って、なんでもフレッシュさが求められるもので、その感覚で作らないといけないと思うんです。たとえ焼き菓子であっても。

味が落ちるのは、空気に触れて酸化するからです。今は、脱酸素剤を袋の中に入れれば、日持ちがして、いつでもいい状態で菓子を食べられるようになりましたが、本当は何もせずに、その日のうちに食べきるのが一番おいしいですよ。

チョコレートなら誰にも負けない！

詳しくはあとで述べますが、フランスから帰国し、〈オーボンヴュータン〉の前身となる店〈かわた菓子研究所〉を立ち上げて、最初に手がけたものはチョコレートでした。

なぜチョコレートか、その理由はふたつありました。

ひとつは道具があまり必要なかったから。チョコレートを刻んでボウルの中で溶かし、型に流し込めば、ボンボン・ショコラはできるからです。中身のガナッシュ[*7]を作るにしても、鍋やボウルがいくつかあればできる。

ふたつ目は、当時、おいしいチョコレートを売る店がなかったからです。

都内で一番売れているというチョコレート専門の店に行き、買って食べました。あれ？首をひねりました。僕がベルギーで修業した〈ヴィタメール〉では、もっと新しいチョコレートを作っていたし、味のレベルもはるかに上だと思った。

「これなら、俺はやれるねぇー」と、すぐに決めました。チョコレートなら絶対に誰にも負けない、という自負があったから。

意気揚々と始めたのですが、期待に反して、売れない、売れない。

なぜだろう？　これでもか、これでもかと、いろいろなことをやってみました。型で作るボンボン・ショコラだけでなく、細工もののチョコレートを透明な箱に入れてみたり。

一番売れたのは、パンダを型どったチョコレート。当時、上野動物園にパンダを見に来る人々でにぎわっていたことから、苦肉の策で浮かんできたものでした。

そこでこんどは浅草の夜店へ出かけて、流行りのキャラクターのお面を買って、型どりしました。上野と御徒町の中間のあたりにあった菓子屋に持っていくと、店でよく売れるらしく、たくさん買ってくれたことを覚えています。

でも、暑くなるとチョコレートは溶けてしまって商売にならないので、また、別のものを考える必要性に迫られて。

本当に僕が作りたかったのは、パンダの型抜きチョコレートではなく、お酒の香りを封じ込めたガナッシュをチョコレートで薄くコーティングした、口溶けのいいボンボン・ショコラでした。これを多くの人に食べてもらい、「チョコレートのおいしさって、これなんだよ」って、その楽しみを知ってほしかったんですが……。

秋から冬にかけてはチョコレートも少しは売れても、今のようにバレンタインデーの習慣があまり浸透していなかったのと、春から夏の間はまったく売れなくなってしまうので、まるで商売にはならなかった、というわけです。

カカオの香りに包まれる街

ジャン=ポール・エヴァン、ピエール・エルメ、ピエール・マルコリーニ……。今、世界で活躍する有名なショコラティエ（チョコレート職人）は、フランス人ばかりです。しかし、一九七〇年代の初め頃は、フランスのチョコレートは大手メーカーが工業的に生産するものが一般的で、スイスやベルギーにはるかに後れをとり、味も質も粗悪なものでした。

当時のフランスの菓子屋は二〜三種類ほどのチョコレート菓子を作るくらいで、あとはよそから仕入れるのがあたりまえ。チョコレートの専門店はありましたが、〈マルキーズ〉や〈ボワシエ〉〈ゴディバ〉といった大手メーカーが出しているような店ばかりで、そこでチョコレートを買って食べても、

「シャリシャリするこの感じは、なんだろう？」

「ガナッシュがガチガチに固まっているのはどうして？」

首をかしげたくなることばかりで、正直そこからは、おいしさのかけらさえ感じなかった。

ボンボン・ショコラを作る工程は、前に勤めていた店〈ショコラティエ・サラヴァン〉で目にしていました。茶っぽい色のカカオ豆をまず焙煎し、ローラー（粉砕機）ですりつぶし……と

いう工程を経て、ドロドロとした液体、チョコレートができ上がっていく。初めて見るから、すごいなあって、目が釘づけです。

でも、その工程が何の目的で行われているのかは分からなかったので、帰宅して本を開き、理解を深めていきました。そこでわかったことは、工業的に作るチョコレートでは、知識以上のものは得られないということ。

技術を身につけるには一流のチョコレート職人の下で学んで、自分のものにしなくては……という思いが、僕の中で膨らみ始めていました。

七〇年代、スイスやベルギーのチョコレートがおいしかったのは、高い技術を持った職人が多かったからです。多くのフランス人、日本人は、スイスやベルギーへ学びに行きました。僕はフランスで修業中、あえて日本人が行かないベルギーの〈ヴィタメール〉へと、修業を希望しました。

一番の決め手になったのは、この店で食べたチョコレートの味。どんなに有名な店でも、自分が賛同できる味でないと、その店で働くことはできませんからね。ところが履歴書を店に送ったものの、空きがないとの理由で、あっさりと断られました。順番待ちでもいい、「働けるチャンスがあるのなら待ちます」と店にその意思を伝え、三カ月後に願いは叶いました。

店はベルギーの首都ブリュッセルにあって、街はカカオの匂いがしていました。その昔、ベルギーはカカオ豆ができる地域を植民地にしていた時代があり、早くから庶民もチョコレートを口にしている。だから子どもも大人も、日常的によくチョコレートを食べていました。

〈ヴィタメール〉は一九一〇年に創業した老舗で、当時、ヨーロッパで五本の指に入るくらい、レベルの高い店でした。ピエール・マルコリーニ〈マルコリーニ〉や、ドゥバイヨル〈ドゥバイヨル〉らも〈ヴィタメール〉の出身です。現在、ベルギーに店を構えるシェフのほとんどは、この〈ヴィタメール〉で修業したのではないかと思います。

まず店の厨房に入って驚いたのは、その広さと、専用の設備の充実ぶり。そして新しい感覚を持つ腕のいい職人が最先端のチョコレートを作っていたこと。すでにこの頃からモダンな方向へと向かっていました。店の職人たちから僕はずいぶんバカにされました。彼らのレベルからすれば仕事ができないし、東洋人だったから、ずいぶん下に見られていたのだと思います。

「俺はフランスになんか修業には行かないよ。お前みたいになっちゃうから」と菓子作りの仲間たちに揶揄《やゆ》もされたり。でも、プロ意識の高い人たちが集まっていたので、彼らの言葉などまったく意に介さなかった。それよりも「ここでしっかりと技術を習得するぞ」という目的意識のほうがはるかに強くて。

作業のひとつひとつを見逃すまいと必死で、すべてが参考になりました。働きながら肌で感じ、そこで見たものを自分の中に肉づけし、実践で沁み込ませる――、しっかりと意識しないと、いざという時に、それは何にもなりません。

今、現実にあることをしっかりやる。すると次に何をしなければならないかが読めてくるんです。修業中は、常にこの繰り返しでした。

目の前の「今」が大切

二〜三週間前のことになりますが、朝、厨房へ入ったら、店の若い子が、今日の作業じゃなく、あさってのことをしていたので、「お前、何やっているの！」と怒鳴りました。九時の開店までにあと一時間足らず、作るべき菓子がまだたくさんあるのに、なぜ関係のない仕事を今するのかと。

でも、それをだまって見ていたまわりの子は、もっと許せなかった。

「なぜ、ひと言注意してあげない？　みんな見て見ぬふりかよ」

先輩として経験が豊富なら、やっぱり言ってあげなきゃ。それでなければ、職場で一緒に働く意味がないよ。

「今のことを、ちゃんとやろうよ」

なんで今のことをもっと真剣にやろうとしないのか、僕にはわからない。今の仕事を真剣にやっていれば、次にすることが読めてくるはずだよ。

人の生き方も、同じことだと思います。僕は哲学者じゃないから、そこの理解はぜんぜん浅いけれど……フランスにいた時、サルトルの『実存主義とは何か』という本を読みました。理解なんかできない部分がたくさんあった。それでも、僕なりにヒントになる部分がいくつかあって。やっぱり今が一番大切なんであって、この〝今〟は、もちろん、昨日があったから、ちょっと前があったから、存在している。

今を完璧にしていれば、明日が見えてくるはずで、それを初めから半年後、一年後というふうに未来のことばかりを先に考える…。最近の人を見ていると、そう感じるんですよね。やたら遠い先の夢を語ったって、ムリです。そんなんじゃないだろうというのが僕の考えです。

大事なのは、目の前の今のことなんだよ！

〈ヴィタメール〉には、後継者となるヴィタメール兄弟がいました。兄のミッシェルは菓子を、弟のポールはショコラとコンフィズリーを専門に担当していました。現在、社長をしているのはポールで、あちこちに支店があるので、世界中をとびまわっているみたいです。先日、数年ぶりに彼に会う機会がありました。修業をしていた当時、僕はみんなから厳しい目を向けられ、いろいろなことを言われていたけれど、ポールからは何も言われたことはなくて、その温厚な人柄のよさは健在でしたね。苦労することも多いはずなのに……その苦労を人一倍味わっているから、温かいのかもしれません。

「王室御用達」という看板を掲げるくらいでしたから、ここは菓子も人気でした。ベルギーの菓子の特徴をひとことで言えば、メレンゲを使ったものが多いということですかね。フランス菓子のような味わい深さは、あまり感じられなくて。それと見た目にも、とても美しく仕上げられすぎてしまって、実は僕の好みからは外れている。

完璧よりも、少しくらいクリームがはみ出ていたりしたほうが、人間味があって僕は好きです。だから菓子には見向きもせず、チョコレートの仕事だけに夢中になっていました。

フランスのレベルが上がった理由《わけ》

味も、品質もいいとは言えなかったフランスのチョコレートが、なぜ、これほどまで改善されたかを、少し話しておきましょうか。

七〇年代後半、パリの一八区にロベール・ランクスの〈ラ・メゾン・デュ・ショコラ〉が開店したことが大きく影響していると思います。それまでは、工業的な流れの中で作られるチョコレートがほとんどでしたから、一人の菓子職人の手によって作られるなんて、画期的なことでした。

僕は、彼の店のチョコレートを初めて口にして、「チョコレートはこう作るんだ!」と刺激を受けました。食感、風味、作り手の味を含めた表現方法すべてにです。彼はもと菓子職人で、ワグラム通りにあった〈オーデリス〉という菓子屋をやっていました。

そこでチョコレートメーカーのヴァローナと組んで、新しいチョコレートの表現法を模索していました。カカオ分の配合の追究や、カカオ豆の質や種類についてとか……。これがフランス全体のチョコレートのレベルを押し上げる結果につながり、スイスやベルギーのチョコレートのレベルを悠々と超えていった。後に、ランクスに続けとばかりに、若手の菓子職人が頑張り、技術も味も向上し、今のようなショコラティエブームが起きているんだと思います。

一人一人のレベルも、ものすごく高くなった結果でしょうね。

実は、チョコレート職人がチョコレート専門店をやるのと、菓子屋がチョコレート専門店をやるのでは、表からは同じに見えても、裏の仕事内容はまったく違っています。分業化された菓子の仕事をすべて経験し、理解した人が、そのうえでチョコレートを扱うようになれば、おいしいものができるのは自明の理です。

もし、その人がアイスクリームを作れば、アイスクリーム一筋の職人よりも、きっとおいしいものを作るでしょう。

僕がここで言いたいのは、菓子に関わる知識と技術、技法を身につけたうえでチョコレートを扱えば、今までとは違う表現法を生み出したり、見つけたりすることができ、味の幅も広がっていく。また、それがおいしさにもつながっていくということです。

だからランクスの成功は、おおいに納得できるものでした。

パリのトップショコラティエと言われているジャン＝ポール・エヴァンも、もとは菓子職人。たくさんの店で僕が修業をした目的はそこです。分業化された、いろいろな仕事を覚えることが一番の目的でした。

ホテル・セントラルでの自炊生活

〈ヴィタメール〉で最新のチョコレートの技術を身につけ、再びパリへと戻り、〈グーモン〉〈カレット〉と、菓子屋の職場を新たにして学び続けました。

住まいは店が変わるたびに、近い場所に引越しをしていましたが、ある時期から、〈ホテル・セントラル〉というホテルで暮らすようになりました。場所はパリの二区、メトロの最寄り駅でいうとレ・アール駅もしくはサンティェ駅です。

今はこの付近はとても開けて酒落《しゃれ》たブティックが立ち並び、昔の面影はもう残っていません。当時はレ・アールの市場があって、その近くにはサン・ドゥニの娼婦街があったことから、人の流れが絶えない場所でした。

カフェなんかも多くて、一八〇〇～一九〇〇年代に書かれたエミール・ゾラなどの小説に出てきそうな、古きよき時代のパリが味わえるような場所でね、立地のよさだけでなく、そんな街の雰囲気にも魅かれていたんです。

〈ホテル・セントラル〉は六階建てで、部屋数は一八くらいあったと思います。石造りの古い建物なので、中は何度も改装していたようでした。だからゴキブリもたくさん棲みついていて、これには困りました。大きさが日本の倍以上ありましたからね。キッチンはありませんでしたが、部屋で料理を作ることを許され、宿泊を決めた日から、約六年もの間、結果としてここに居ついてしまったんです。

直接聞いたわけではないですが、ホテルを経営する恰幅のいいマダムは娼婦上がりで、さまざまな人生の経験を重ね、苦労も人一倍していたのだと思います。時々、仕事の愚痴を聞いてもらったり、ご飯をご馳走してもらったり、お金のない時は宿泊代を待ってもらったり……お世話になりましたし、ずいぶん可愛がってももらいました。母親の存在とまではいきませんでしたが。

食事はほぼ毎日、自炊でした。火はキャンプ用の小さなガスボンベ。これひとつで、ご飯を炊いたり、肉を焼いたり、時には納豆も作りました。冷蔵庫もなかったので仕事からの帰り道、その日に食べるものを市場で買って帰るのが日課です。

働いていても常にお金がない状態でしたから、買うものといえば、とにかく値段の安いもの。肉ならスジ肉。硬くても、カリカリ噛んでいるうちに味が出てくるので、嫌いじゃない。

口の中で溶けてなくなる高級霜降り肉よりも、むしろ好きなくらい。さすがに、あまりに安かった犬の肉を食べた時は、不味《まず》すぎて吐き出しましたけれど。

設備も道具もなかったので、本格的なものは作れませんでしたが、その割にはいろいろな料理を作っていましたね。たぶんこれは、料理好きの父親の影響でしょう。

僕は、子どもの頃の情景を、食を介して思い出すことが割と多いんですよ。父は上野のうどん屋・尾張屋の息子として生まれ、多趣味な人でした。たまに作ってくれる料理は、母親の作る毎日の料理よりも数倍おいしくて、どれも旨かったという印象があります。

家で飼っていた鶏が卵を産まなくなるとつぶして、いろいろな鶏料理を作り、最後に残ったガラでだしをとって、ラーメンを作ってくれたり。飼っていた山羊も解体して食べました。皮は剥《は》いで、敷物を作っていました。あと、そばを打ったり、釣った魚をおろしたり……やるとなると、とてもマメな父でした。

兄弟が多かったので、親に特別なにかをしてもらったという記憶はないですが、そんなところから、愛情を受けていたことは、後になって感じますよね。店の若い子を見ていて、ときどき思うことがあるんです。「あー、この子は愛情に飢えているなあ」と。

僕はね、材料を粗末にされるのが嫌なんです。平気でポイと捨てられるのが。「おいおい、それはないだろう」って。たとえ捨てるものでも、そんな捨て方はないだろうって。砂糖を一杯すくうのでも、しぐさが気にくわないことって、けっこうあるんですよ。別にそんなことを、誰も親から教わってくるわけじゃないです。そういうことは、自然と出てくる姿であってね。それが、つい見えちゃう。自分が変に細かいところにまで敏感になりすぎちゃうのかなとも思うけれど。

食べ物屋の世界に入ってきて、このお客さんに、この料理を食べさせてあげたい、という気持ちは、作ったものにけっこう現われるんですよ。親の愛情を受けているのと、受けていないのでは、人に対する気持ちの表わし方も違ってくることがあるのかなって……。

僕が二人の子どもを持つ親だから、そんな視点で店の若い子を見てしまうところがあるんですね。仕事がいくら大事でも、親が子どもに関わらなければいけない時は、しっかり関わってあげないといけないんじゃないかと思います。やっぱり、中学校までは親の役割が大事ですよ。反発してくる時も、否定するのも、肯定するのも、本気になって関わらないと。そうすれば、いつかはその子は自覚して、自分で自分の生き方を探せることにもつながっていくのかなって、そう思います。

こだわりの〝五目いなり〟

「ホテル・セントラル」に住むようになってからは、日本人の菓子職人や料理人らとの交流も、少しずつ持つようになっていきました。やがて、その仲間が一人、二人と部屋に遊びにも来るようになり、同じ食の世界をめざす仲間うちでは、「ホテル・セントラル」はいつの間にか有名になっていました。部屋代も安かったので、僕のようにホテルに滞在する人も出てきて、一時は日本人のたまり場のような存在でした。

渡仏する日本人の間では「ホテル・セントラルに行けば、なんとかなる」って言われていたみたいです。休日の前の夜になると、みんなが僕の部屋に集まってきました。そんなとき、僕はいろんな料理を作りました。たとえば、五目いなり。ただの酢飯だけだと寂しいから、椎茸やにんじんなんかを煮てね。手間がかかっても、そのほうがおいしいと思っていたから。実は、子どものころから母親が作ってくれたのが、五目のいなりだったから、それじゃないと嫌だったんです。

多い時は二〇人分くらいのご飯を、洗面器の中で五目の具と合わせ、甘辛い油揚げにせっせと詰めました。またある時は、うどんを打ってみたり、焼きそばだったり。

一流の菓子職人や料理人をめざして渡仏してくる連中ですから、だれもが人一倍の熱い情熱を持ち、遊びにも仕事にも夢中でした。一九二〇～三〇年代、画家の藤田嗣治や佐伯祐三らが口論したように、僕らは僕らのレベルで、いろんな話をしました。

この当時のフランス菓子は、フルーツやムースを使ったものが登場する前で、菓子の変化を論じたり、勤めている店のこと、料理のことなど、話題に欠くことなんてなくて、ひと晩中、ガンガン喋りまくっていました。安いワインを飲んでね。あそこで喋ったことは、みんなの肥やしになっているはずです。

いまだに僕は、みんなで語り合った思いを、ずーっと胸に抱えたままです。

店を構えて夢を実現した仲間はいっぱいいるのに、いつの間にか道具を持たなくなって、数字ばかりを追いかけている人もいます。僕の願いは、あの時の仲間たちがそうであったように、菓子を作る職人として競い合っていきたい。

「あの時、こう言ったよね。それを一緒にやろうよ！」

店を持てば維持をする努力が必要だし、私生活での出来事、家族のこと、常に目の前にはいろいろな壁が立ちはだかり、容易ではないです。貫こうとしていたスタイルが変わってくることも仕方がないことだけれど、「あの時の情熱のままで！」という思いが、時を経てもやっぱり僕の中にはあるんです。

職人ってね、いいことも悪いことも、すべてをのみ込んで、体の中でそれを浄化させて、ものを作り続けていかなければならないんだと思っています。

*7 **ガナッシュ**　溶かしたチョコレートに生クリームなどを加えて作る、口溶けのよいチョコレート。トリュフのセンターなどに使う。

カラモランジ（ボンボン・ショコラ）を作る

現在使っているチョコレート用の道具は、すでに三五年以上使っています。菓子の卸業をスタートさせて、まずチョコレート菓子を作り始めたわけですが、七〇年代後半の日本には、チョコレート菓子を作るための道具がほとんどなかったので、道具を買いにスイスまで出かけ、いろいろなものを持ち帰りました。

トランプーズ（テンパリング[*8]したチョコレートの保温器）、ギッター（カットするもの）、フォーシュット（コーティング用）、チョコレートの型といったものを抱えられるだけ抱えて。

僕がチョコレート修業をした〈ヴィタメール〉は、型もののボンボン・ショコラを作るのを得意とし、多種類のものを作っていました。ここで学んだことを生かして、型もののボンボン・ショコラをよく作っていました。だから型だけでも二〇種類くらいあります。このカラモランジに使っているハートの型も、その当時、持ち帰ったものです。

カラモランジは、カラメルソースに生クリーム、オレンジのコンサントレ（酒）を合わせたソースを作り、これをコーティングしておいた型に流し入れて固めたものです。こういった固まりにくい流動状のクリームは、型を利用しないとできません。

つまり、〝型もの〟でないとできないタイプのボンボン・ショコラがあるんですよ。型ものチョコレート菓子を作るときに一番気をつけることは、空気が入らないようにすることです。型にチョコレートを流す前に、まず刷毛《はけ》で型の内側にテンパリングしたチョコレートを隅々まで薄く塗って、空気を入りにくくする。これをやった後でテンパリングしたチョコレートを型に流します。

ゴム製のトンカチを使って型の側面をトントンとたたいて、空気の小さな気泡を抜きながらチョコレートを全体にいきわたらせます。ポコポコと空気は抜けますが、同時にたたいた振動で空気が入ることもあるので、気が抜けません。固まったときに空気穴が見えてしまうと、味に影響がなくても、見栄えがよくありませんから。

チョコレートは、初めは失敗、失敗で大変です。が、こういう菓子はどんどんコツをつかんでうまくなっていくものですよ。

＊8 **テンパリング**　四八〜五〇度に溶かしたチョコレートを大理石の上に流し、二六〜二七度になるまでパレットで練りながら温度調整を行い、状態を均一化させること。この作業をすることで、きれいなツヤが出てくる。

Bonbon au chocolat

ボンボン・ショコラ“カラモランジ”

材料（約100個分）

ガナッシュ

A ┌グラニュー糖　375g
　└水飴　65g
生クリーム　280g
ミルクチョコレート（カカオ分35%）　200g
カカオマス　100g
オレンジのコンサントレ（酒）　100g

コーティング用のミルクチョコレート（カカオ分35%）　適量

作り方

ガナッシュを作る

1 鍋にAを入れ、強火で泡立て器で混ぜながら茶色のカラメルにして火を止める。
2 生クリームを熱し、1に加えながらよくかき混ぜる。
3 溶かしたミルクチョコレート、刻んだカカオマスを2に加え、空気を入れないように混ぜる。塊がなくなったらオレンジの酒を加える。

型にチョコレートを流し込む

4 型にテンパリングしたコーティング用のミルクチョコレートを、型の内側に刷毛でごく薄く塗る。
5 コーティング用のチョコレートを型に入れる。ゴム製のトンカチで型の外側をたたいて、隅々までチョコレートがいきわたるようにする。入れたチョコレートを、元に流し戻す。型からはみ出たチョコレートは、カードで削り落す。
6 冷凍庫で約2分冷やし、絞り袋に入れたガナッシュを絞り出す。
7 紙でコルネを作り、ミルクチョコレートを入れる。型の縁に沿って絞る。これがノリの役目になる。
8 型の縁に絞ったものと、絞っていないものを合わせて貼り付ける。固まったら、型から外す。

5

Macaron de Nancy

マカロン・ドゥ・ナンシー

六月頃、パリのメトロ（地下鉄）を降りると、うっすらと果物の匂いがします。地上への階段を一段上るたびに、その匂いはどんどん強くなっていく。

「あっ、さくらんぼの季節だなあ」と感じさせてくれます。こんなとき、フランスにいることがうれしくなります。空も、風も、車の排気ガスの匂いも、どれも僕は好きです。

フランスで菓子修業をした一〇年間、楽しいこともたくさんありましたが、あらためて思い出そうとすると、案外忘れてしまっていて記憶には残っていないものです。でも辛かったことは、ずいぶんといろいろなことを覚えているものです。

過去をふり返って後悔をしても、はじまりません。自分のやってきたことに対して、ダメ、ダメ、ダメではなく、マルをつけるような、肯定するためのアクションを起こしていけば、それでいいと思います。

そうやって僕は、数多くの辛さをのり超えてきました。

シェフ・ドゥ・パティシエの時代

フランス修業も八年目にさしかかった頃です。いくつもの菓子屋で働き、ひと通りの仕事を学び終え、次はホテルやレストランで働いてみようか、と考え始めていました。日本に帰ろうなんていう気はまだ、これっぽっちも起こらなかった。自分のレベルがどれくらいのものなのか？　どれくらい通用するのか？　このあたりで試してみたい気持ちが湧いていた。自分に自信がついてきたからですね。そこでホテル〈ジョルジュ・サンク〉〈パリ・ヒルトン〉や、レストラン〈コッション・ドール〉などで働きました。

七〇年代のホテル経営は、昔のまま何の改革もなく続けられていたので、ホテル業界は全体的に低迷していました。今は経営に勢いがあり、グループ化されてどんどん伸びていますが、僕がいた頃のホテルは完全に衰退する方向でした。せっかく入った〈パリ・ヒルトン〉でしたが、シェフ・ドゥ・パティシエとの折り合いが悪く、入って三カ月で辞めてしまいました。

ところがその一年後、グラン・シェフのデュッフェレンから連絡が入ったのです。

「戻ってこないか？　あいつ（シェフ）はもう辞めさせる。シェフ・ドゥ・パティシエをやるつもりはないか？」

シェフ・ドゥ・パティシエへの突然の抜擢に驚きました。実はこの時、念願だった〈フォション〉からの採用通知が届いていていました。それまで何度も手紙を書き続けた末の採用通知ですから、どうしようかと、かなり心は揺れました。〈フォション〉は味の出し方、表現の仕方、菓子の方向性など、ほかの菓子屋とは、格がまるで違うと思っていましたからね。その〈フォション〉に入れば、新たな菓子作りの手法が得られるだろう。

しかし、デュッフェレンが僕に期待を寄せ、あえてそこまで言ってくれるのなら……。「ミシュランで星をつけるくらいに頑張ってみよう」と決断しました。当時、ヒルトンには、名シェフとして有名なポール・ボキューズの甥にあたる料理人がいて、彼と星をつけてやろう！と僕らは意気込んだわけです。同時期、フランス、ドュッセルドルフ、カナダのヒルトンは独立採算制で、それぞれが独自の経営をしていました。

外資系のホテルなので、スタッフは外国帰りのフランス人が目立ちました。だから日本人である僕にも門戸が開かれるチャンスがありましたし、意見も通りやすかった。外国人として経験した自分たちの思いがあるから、筋が通った意見であれば、こちら側の気持ちも汲みとってくれたのだと思います。

ホテルに入った後で「こんなはずじゃなかった」という気持ちになることを避けたかったので、まず、デュッフェレンとたくさんの話をしました。

菓子作りにかける僕の思いや、仕事に対する意見、やりたいことのすべてを伝えた。いざ、働き出してギクシャクしたら、仕事でいい結果など出せないし、持続もできっこないですから。やるからには僕も、ここでトコトン勝負したいという強い気持ちもあったし。

「カワーの好きなようにやってみろよ」彼は肩をたたき、一〇〇パーセントの信頼を寄せてくれました。カワーとは、僕のニックネーム。フランス語で〝コーヒー豆〟を意味するんですが、フランス人からは、「カワー」とよく呼ばれていました。

デュッフェレンとは、二〇歳くらいの年齢差はあったでしょうね。いくつもの修羅場をくぐり抜けてきたような、器の大きさを感じさせました。

——僕が頑張ることで、グラン・シェフの評価も上がる。この人を裏切るようなことだけはしたくない。

以前、〈パリ・ヒルトン〉に入って辞めた原因は、前のシェフ・ドゥ・パティシエの仕事ぶりでした。まったく仕事をしない人だった。シェフという立場の人は本当によく働くんですよ。人の何十倍も仕事をする。僕の知っているフランス人はね。

しかし、そのシェフ・ドゥ・パティシエは、いつも喋ってばかりで、自ら進んで手を動かそうとはしなかった。プティ・フール・セックやパンは外の業者から仕入れていたので、忙しく働く必要がなかったからです。また、レストランで出すデザートは冷たいものばかり。あらかじめ作っておいて、タイミングを見計らって、冷凍庫から出せばいいので、厨房はいつも和やかな雰囲気だった。

「あり得ないよ！　そんなの仕事じゃないだろ」

　でも、入りたての分際で、声を上げて意見を言ってもダメだろうなあ……。だからそんな人の下で働きたい気持ちにはなれませんでした。ヒルトンを辞めるときに、デュッフェレンにそんな僕の考えを、ちょっと漏らしていたんですよ。だから声をかけてくれたわけです。

おいしさと仕事場改革の期待担って

　僕がシェフ・ドゥ・パティシエとしての仕事に没頭するためには、改革が必要でした。まずは、外注で仕入れていたプティ・フール・セックやパンが不味《まず》かったので、取引を中止しました。上のディレクターには、仕入れ業者からのマージンが渡っていることも実は知っていました。職権濫用ですよ。これからは公明正大にやっていこうと、食材などを卸している材料屋も含めて、つき合いのある業者からの仕入れを一切断ち切った。だからといって僕には、ほかの業者のあてがあったわけじゃありません。

　一から新たに業者を選ぶのは一大事です。仕入れ先ひとつ換えるにも、ホテルという大きな組織では、いくつものセクションを通して許可を取らないといけなかったし、僕のフランス語は七〜八割程度のものでしたから、交渉には菓子を作る以上の苦労がありました。

「正気か?」デュッフェレンにも問われました。今まで業者からプティ・フール・セックやパンなど大量に仕入れていたものを、自分たちで全部作るとまで言い出したのですから、目を白黒させるのも当然です。でもプティ・フール・セックやパンを作ることは、本来は仕事の一部だから、別に変なことではないんですよ。それと僕は新しく環境を作って、そこからスタートさせたかった。デュッフェレンも、僕の本気の思いに最後は納得してくれました。

毎日、ものすごい数のデニッシュとクロワッサンを焼きました。ただ、フランスパンを焼く窯はなかったので、これはパン屋に頼みました。おいしくないものを一生懸命作ってもムダですから。労力は報われるところにどんどん使いたい。

幾種類ものプティ・フール・セックの試作にとりかかりました。これまで食べてきた中で僕の頭にストックされていたもの、それを具現化させながら種類を絞り込んでいきました。

以前とは比べものにもならないほどの仕事量の多さです。みんなからの反発の態度は如実で、「前は、こんなことをしなかった」とかの苦情が出てくるわけです。

彼らは僕の存在を認めようとはしませんでした。

「前のことなんか関係ねえ! 今は俺がシェフ・ドゥ・パティシエなんだ」

僕は僕のやり方で仕事をすると宣言しました。僕がシェフ・ドゥ・パティシエになったことで辞めていったスタッフもいたし、辞めさせた人もいます。残ったメンバーはフランス人が六人、洗い場専門のアラブ人が二人。この八人を束ねて奔走しました。

彼らの姿が見えないと思うと、よく煙草を吸ってサボっていました。頭にきて怒鳴りまくったけれども。サボるというのは、フランス語のサボタージュという語からきているくらいですから、彼らは非常に堂々とサボる。内心、見上げたものだと、その態度に感心もしたりして。

当時、僕がシェフ・ドゥ・パティシエとしての担当だったのは、〈トワ・ドゥ・パリ〉というレストラン、カフェ、コーヒーショップ、ウエスタンスタイルのレストラン、宴会場のデザートなどで、すべてのメニューの検討を行い、新しいものを次々に考え出していきました。

ほかにも大量に焼いたプティ・フール・セックを保存する方法や、場所の確保、材料の仕入れ先、働く人、頭を悩ませる問題が山積するなかで、いろんなことを並行して考え、毎日の業務をこなし、どんどん新しいことをやり出したら、一日二四時間ではとても足りない。

フランス人は日本人と違ってサービス残業は絶対しません。どんなに仕事があっても適当に帳尻を合わせ、サッサッと定時で上がる。気持ちいいくらい。それが〝仕事〟だと思いますよ。で、みんなが退社した後、残った仕事は僕が一人で全部こなしていくよりほかはありません。

だから、半年間は寝ずの日々でした。一時間くらい横になって仮眠をとり、あとはひたすら手を動かして山のような仕事を黙々とこなし続けた。いざとなれば出来るものです。自分の能力にも驚いたけれど。ただ、この状態を五年も一〇年も続けていたら死んでしまうでしょう。

天才料理人のカレームは、四九歳でこの世を去った。彼のような人が短命で逝ってしまうのはわかります。エネルギーの消耗はすごいでしょうから。ショパンも若くして亡くなっています。そう考えると僕はずるいなあ、自分の打算の中で生きている……。というのは、ここで勤めたのは一年半だけだったから。

五〇〜六〇人ほどの宴会は毎日入っていましたが、一〇〇〇人以上の宴会が三〜四日続くと、もう現実的にとても手がまわらなくなってしまう。

だからといって同じメニューを続けて、仕事を適当に流すような妥協は絶対にしたくはなかった。大変でも、これを実現させていかなければ、僕がやる意味がないんだ。

上のディレクターと給料の交渉を始めました。みんなを納得させて働かせるには、やはり最後はお金の力が必要です。労働に見合ったお金を払えば何も言わなくなります。みんなの給料を上げてもらい、なおかつ残業代も出してくれとかけあって。それだけの利益を充分に出していたので僕は強気で発言できました。そして、ようやく承諾を得られたのは半年後でした。

土曜、日曜日に一番多かった宴会は、ユダヤ人のものでした。パーティの人数も多く、またユダヤ人は宗教の規律がいろいろあって大変なんです。

まず調理の始まる前の厨房で、お祓《はら》いをするのが常でした。鍋、ボウルなどすべての調理器具と食器をその場で消毒し、使う材料を全部並べて拝んでもらう。

彼らが食材を持ち込むことも多かったので前もって準備を進めておくこともできず、これには頭を悩ませました。規模が大きい宴会では気が狂うほどの忙しさ。アイスクリームを作るための作業場もありましたが、今みたいに冷凍技術は進んでいなかったため、仕事量は半端なものではありませんでした。また、道具や器、サービスする人の数も限られていたので、いつも料理を作る側との取り合い。こちらが黙っていたら、みんな向こうに取られてしまいます。

損をするのは勢いのない方。だから必死でした。言葉の投げ合い、パワーの出し合い。カーテンの裏側はまさに戦い、戦場でした。ある意味、これがけっこう面白かった。

フランスの宴会は、飾り物の菓子がつきものです。この飾り物が、メインの場所にシンボル的に置かれて宴会が始まるので、フランスではとても重要でした。焼き菓子をいくつも高く積み上げて作るピエスモンテとか、シューで作るクロカンブッシュもこの類の菓子で、マカロンで作ったり、ビスキュイで作ったり、いろいろな趣向を凝らして作りました。以前勤めていた〈ポテル・エ・シャボー〉で、この手の宴会を数多く経験していたので、とても役立ちました。

小さなバイクに乗って、飾り物を制作するための材料や道具を、「ベー・アッシュ・ベー」という東急ハンズのようなデパートに、よく買いに走りました。今までの修業で得たすべてを、ここで出し尽くしたいという思いで、もう夢中でした。

毎日のように新しいアイデアが浮かんで、次々と作りたいものを実現させていきました。なにしろ、僕の頭の中は冴えきっています。寝ないで仕事をしていたから、興奮していました。好きなようにやらせてくれたヒルトンの環境はありがたかった。

若い時はなんでも挑戦するべきです。ハードルが高くても、それを怖がっちゃいけない。楽しもうという気でやらないと。重圧に押し潰されたらおしまいです。僕はモチベーションが高いと、「よし!」と張りきるタイプなので、仕事の大変さよりも、充実度のほうがはるかに上回っていました。

それと仕事への原動力となったのは、一人の女性の存在でした。

彼女とは友人の紹介で知り合いました。アンヌさんといって、背が高く、髪がマロン色のパリジェンヌでした。パリジェンヌというのは、本来は鼻の先がピュッと上がっている女性のことを形容した言い方なんです。

彼女とは、たまに食事をしたりして、職場の話なんかも聞いてもらっていたのですが、それが仕事への大きな励みになっていたことは確かです。恋をすると、ものすごいパワーが漲《みなぎ》りますよね。だからそのときは、百人力でした。男なんて単純で弱い生きものですから……。

話はちょっとそれますが、男が男として生きていくには、女性を知らなければダメだよって、思います。恋愛を何度か重ねたところで、男の生きざま、やさしさ、考えが出てくるものだと思います。失恋もあるでしょう。それも絶対に必要なんです。

それと世の中の〝必要悪〟です。

男というものはどういうものか、ちゃんと知っておけと、これはうちの店のスタッフに言っていることなんですが。必要悪の意味を知り、ひと皮、ふた皮むけていくところで、仕事にもそれがつながっていくんですよ。強さ、弱さの呼吸を学んでほしい。そういうことは、自分が社会勉強で教えてもらわないとダメなんです。押すのか、引くのか、かけ引きをするのか。やろうとしている仕事なんて、本当は簡単なことなんです。この不器用な僕ができたんだから。「なんだ、俺は難しく考えているだけなんじゃないか」って、そう思えてきますよ。

全力出しきり、見えたのは「日本」

こんなに好き勝手にやりたいことが〈パリ・ヒルトン〉でできたのは、僕をかばってくれたデュッフェレンがいたからこそです。

彼とは最初は仕事を通じてのつき合いでしたが、だんだんとうち解けるようになってからは、レストランで食事をすることもありました。その会話の中から、個人と組織は別だということを教えられました。これはフランス人ならではの感覚で、完全にそこは分けられていた。帰国して数年、彼とは近況報告を兼ねた手紙のやりとりをしていましたが、今はもうこの世にいません。

僕の中では、もう四〇年以上の歳月がたつのに、当時の達成感が今も忘れられません。いまだにフランスに行くと、「よくやったな」と、自分で自分を褒め、街をかっ歩していますよ。永遠の誇りです。

全力投球した毎日を送り、一年半ほどしたある日、もうこの仕事をやり切ったと思いました。今までこんな充実した思いをしたことがないというくらい、懸命に仕事に取り組んで、突然、日本に帰ろうと思った。

「もうお前は充分だよ、帰れ」。いつも後押ししてくれたもう一人の自分がつぶやきました。長い夢から急に目が覚めたかのように。大きな仕事をやりとげ、ほっとした時に、日本が見えました。

「さあ、日本で勝負をしよう！」

このパワーを、こんどは自分の利益のために使いたいと思いました。あれほどの爽快さ、すっきりとした気持ちは、かつて味わったことがなかったほど。仲間がフランスから離れるのを見ていると、未練たっぷりの感じで帰国する人も多かった気がするけれど、僕はまったくそんな思いはありませんでした。

「次は、日本で戦おう！」帰国する飛行機の中で、あらためてそう決めました。

だから、店の子たちにもやってほしいですね、それくらいのことを。それでないと成長できません。うちの店を出てからフランスに渡り、帰国してから自分の店を始める人も多いです。初志貫徹するためには、自分のシェフ像というものをきちんと作って、ブレないように仕事をやってほしい。職人だったら本気で一年間やってみろよ。そしたら未来へ続く明かりが見えてくるよ。絶対見えるって。俺が見えたんだから、見えるよ。

伝統菓子に、会いに行く

フランスでの修業を終えて日本に帰国する前に、「仕事の総仕上げ」と自分で称して、フランス一周の旅に出かけることにしました。

〈パリ・ヒルトン〉では夢中で働いてばかりで遊ぶ暇すらなかったので、幸いにもお金は少し貯まっていました。このお金で二カ月かけてフランス中を、時計回りにくまなく車でまわろうと計画を練りました。その地方で作られる郷土菓子を求めて、時には山中の小さな村まで出向き、何軒もの菓子屋を訪ねて二万キロもの距離を走りました。

驚いたのは、ゴーストタウンのような何もないところなのに、教会があると、必ず菓子屋が近くにあったこと。このふたつの存在はセットです。なぜかって、日曜日のミサが終わると、帰りに菓子屋で菓子を買い、それを家族で分け合いながら食べる習慣があるからです。菓子の文化が昔からしっかりと庶民に根づいている、ということですよね。だからその地で食べられている伝統菓子の存在は不可欠だったわけです。

しかし、下調べをした菓子の大半は消滅していて、がっかりすることが多かった。

実は今、菓子職人を志した息子がフランスへ修業に行っているところです。僕と同じように、彼も地方を訪ね歩いているようですが、現在、存在しているものは、もう本当にわずかだと言っていました。時代の流れ、といえばそれまでだけれど……。

果たしてそれだけで片づけていいのか、とも思うし。僕らのような部外者が勝手な思いの中で、昔を探し求めて行くこと自体がナンセンスなのか。

今、生きている人は、快適な生活を求めて変化していくわけですから、そこで生きている人にとって、伝統はあまりありがたいものではないのかもしれない。そこは難しいですね。ただね、おいしいと思う菓子は今も残っている。それは事実です。

ボルドーの街で、カヌレと出合って以来、郷土で作られる伝統菓子にも興味を持ちはじめていたので、修業中、気になる菓子があると、それを求めて地方へと出かけて行きました。いつもその旅に携えていたのは、フランスのゴーミョーが初めて出版したガイドブック『グルマン・ドゥ・ラ・フランス＝Guide Gourmand de la France』です。七〇年代の初めに出たものです。

この本はね、とても素晴らしいんですよ。どんな小さな村のことも、歴史や文化はもちろんですが、名物料理や郷土菓子など、その地ならではのことが、こと細かに調べ尽くしてある。この一冊があれば事足りる、まさに鬼に金棒のような存在ともいえます。今も手元にあって、線を引いたり、メモを書いたりで、かなり使い込んでいるから、もうボロボロです。

フランスでは夏に、バカンスとしてひと月ほど休めましたから、そんな時を利用して、遠くまで足をのばしていました。

このひと月分の給料は、年収の十二分の一であらかじめ計算され、休んでいても支払われることが法律で決まっていますから、心おきなく楽しめたわけです。

おばぁさんの顔とマカロン・ドゥ・ナンシー

地方を訪ねる前には、それなりに下調べをして計画のようなものを立てて行くので、どんな菓子にもそれなりの思い出があるのですが、いまだに深く印象に残っているのは「マカロン・ドゥ・ナンシー」ですね。

ロレーヌ地方の中心都市ナンシーは、多種多様な菓子が揃っているところですが、僕の中で筆頭にあげるなら、マカロン・ドゥ・ナンシーになるんです。

もともとマカロンは、イタリアからフランスに伝わったもので、その後、食通にもてはやされて各地に広がっていった。だから、形も食感も異なるマカロンがフランス全土にたくさんあるんです。材料は卵白、アーモンドパウダー、砂糖。配合や製法によって、姿や食感が異なり、地方によってさまざまなマカロンが作られてきました。なかには、これがマカロン？ と

いうような形状のものもあります。
たとえばフランスの北に位置するピカルディ地方、アミアンで作られるものは、小さな立方体をしていますし、ナンシーで作られるものは、表面にひび割れがあって、ごく素朴な見た目。外はカリカリ、中はふわっとしてやわらかい。

この菓子を売る店が、ナンシーのスタニスラス広場の角、アッシュ通りに面した場所にありました。飾り気のない大きな木のテーブルに、焼きたてのマカロン・ドゥ・ナンシーだけがズラリと一面に並べられ、意地の悪そうな古い顔をしたおばあさんが、じーっと静かに椅子に座ったまま。

こんな一等地に店があって、菓子はこれだけ？　商売は成り立つ？　と疑問を持ちましたが、でも本当はマカロンそのものより、まるで二〇〇年前の顔をしたようなおばあさんがとても気になって。ずっと頑固に味を守っていたのでしょうけれど、その店もなくなってしまいました。マカロン・ドゥ・ナンシーだけを売っています！　という主義・主張があって、いい店だったなあと思ったけど、残念です。

歴史的なことを少し説明するならば、ナンシーのマカロンは一七世紀頃、女子修道院で修道女たちによって作られ、その製法は門外不出でした。それが一八世紀になって、戦争や革命によって圧迫を受けた修道女たちが、土地の有力者の家にかくまわれ、そこで彼女たちが、感謝の気持ちを込めて焼いたのが、黄金色のマカロンだったと。確か、一九世紀の作家シャルル・

モンスレが、このいきさつをナンシーの街の魅力とともに書き残していたはずです。

菓子が作られた歴史的な背景をこうやって調べると、おいしい、まずいだけじゃなくて、もっと広い視野で見つめられ、菓子作りの面白さは膨らんでいきます。僕らは菓子屋という作り手であって、旅行作家や随筆家ではないので、これを具現化しておいしくしなければ意味はない。これが我々の仕事です。フランスの地方をめぐって菓子を見て、食べて満足しただけで終わってしまうのではなく、これを自分の中で消化して、おいしく、形になるよう、いかに具現化させていくか、なんです。

新製品にばかり目が向けられ、菓子の本質を忘れがちになってしまっているのは、日本だけのことではないです。フランスでも、今は伝統の部分をどんどん捨てていく一方。

僕は、フランス人の職人気質の中に「いいものを作ってやろう」という素晴らしい感覚が具わっていることを知っているだけに、これが残念でならない。

今のフランスでは、短縮された時間の中の労働で生産性を上げていこうとしている。そうすると菓子はどんどん新しくなっていく。複雑な菓子は効率が悪い、つまり避けられる傾向です。でも、いつかは今のシステムでありながらも、いい方向をつかむ人が出てくると思っています。今はまだ、そこをつかめる人がいないと思うけれど。

早く出てきてほしい。フランスの伝統菓子の姿が消えないうちに、ね。

マカロン・ドゥ・ナンシーを作る

このところの流行りは、マカロンですよね。売れるからと、どこの店でもマカロンを作っています。あいにく袋詰めになっているものが多い。袋詰めになったマカロン、おいしいわけはないと思いますね。袋詰めにすれば、おいしく食べられる時間が長く保てるからとの理由なのでしょうが、その日、その日に作ったものを売っていくのが、本来のマカロンのよさなんじゃないのかなあ……。

表面の砂糖が糖化した中でのツヤ、パリッとした乾き、ネチッとした生地、この食感の落差こそが、マカロンのおいしさだと思うから。

こんなにマカロンが流行る前から、うちの店では、いろいろなマカロンを作っていました。マカロン・ドゥ・ナンシー、マカロン・ダミアン、マカロン・パリジャン…今と違って認知度も低かったし、全然売れなかったです。それとネチッとした独特の食感は日本人が好むものではなかったと思います。だから、食べ手の味覚が成熟したんでしょうね。

フランス全土をまわって、いろいろなマカロンと出合いましたが、僕にとって一番

思い出深いのはマカロン・ドゥ・ナンシー（以下略・ナンシー）でしょうね。表面がひび割れたように焼き上がり、素朴な感じで。人気のマカロン・パリジャン（以下略・パリジャン）と比べれば、洗練された雰囲気はないし、飾りっけも感じない。

作り方も、パリジャンとは異なります。パリジャンは卵白を泡立てた中に、タンプータン（アーモンド、グラニュー糖を粉砕したもの）を加えて作ります。

一方のナンシーは、パート・ダマンド・クリュという生地で作ります。アーモンドと、グラニュー糖、卵白をローラー（粉砕機）にかけて粗いペーストをこしらえます。ここに薄力粉、一〇七度に熱したシロップを加えて混ぜていく。あとはオーブンシートを敷いた天板に絞り出し、一時間以上おいてから、焼く前にぬらしたふきんで表面を軽くたたき、割れ目の模様をつけるわけです。技術的な難しさはないです。

もしパート・ダマンド・クリュを最初から作ることが無理であれば、アーモンドプードル（二五〇グラム）、粉糖（二五〇グラム）、卵白（三個）を混ぜ合わせたもので代用してもいいです。

Macaron de Nancy

マカロン・ドゥ・ナンシー

材料(約80枚分)

パート・ダマンド・クリュ（作り方／ p140） 250g
粉糖 250g
卵白 3個分
グラニュー糖 187g
水 62g
薄力粉 30g

作り方

1 パート・ダマンド・クリュ、粉糖、卵白をボウルに入れ、手でほぐしてやわらかくする。
2 鍋にグラニュー糖と水を入れ、107℃まで熱する。
3 1に薄力粉を入れ、2を熱いまま加える。ヘラで全体を混ぜて、なめらかにする。
4 丸口金をつけた絞り袋に3を入れ、オーブンシートを敷いた天板に、直径4cmに絞り出す。そのまま1時間以上おく。
5 ぬらして軽く絞ったふきんで、マカロンの表面を軽くたたいて、模様と水滴をつける。
6 180℃のオーブンで20～30分焼く。焼き上がったらすぐに天板とオーブンシートの間に水を流し入れて、マカロンをはがしやすくする。シートから外して冷ます。

[パート・ダマンド・クリュの作り方]

皮なしアーモンド(1kg)、グラニュー糖(1kg)、卵白(120g)をボウルに入れて合わせ、ローラー(粉砕機)で砕いてペースト状にする。

6

Petit four sec

プティ・フール・セック

プティ・フール・セックほど自由自在な菓子はないと思います。手のひらにすっぽりとのってしまうような、小さな菓子ですが、ここには作り手の思いがギュッと凝縮されている。日本では日持ちするから作っているよ、という感覚の菓子屋が多いです。それじゃ、そのプティ・フール・セックに大変失礼な話で！　メレンゲの小さな菓子のひとつだって、そんな感覚で作ってはいけない。単価は安いかもしれないけれど、手を抜いた仕事は絶対にしてはいけない。

それと、菓子屋はフレッシュな状態で、菓子を提供しなければはならない。プティ・フール・セックは、うちでは毎日焼いています。一番おいしいのは焼き上がったばかりの極限の状態、ツヤがあって、香ばしくって、とにかくその表情はきれいです。しかし、時間とともにこれらは劣化していく。うちでは毎日作っているから、実は一番売れるんですよ。これをもし、一カ月間持たせるようなことをしていたらダメだと思う。実際には、それくらいの日持ちはしますよ。

僕が日本のクッキーというものを一番嫌う理由はそこで、賞味期限を長くしているのに、生地の焼きがあまいんです。焼きがあまいと、生地の中のバターが完全に焼ききれていないので、時間が経過すると酸化して、胸やけするような、いやな匂いが出てきてしまう。プティ・フール・セックの魅力って、しっかりと焼いてバターの風味を出すところにあるものだと思っています。

僕が作る、このプティ・フール・セックの味を評価してくれる人たちがいたから、僕はこうやって菓子屋を開けるようになったんです。

畑の中のブリキ小屋

帰国したのは一九七六年六月、約一〇年ぶりの日本でした。

羽田空港に着くと、懐かしさよりも、ワーッと胸がしめつけられるような思いが襲ってきました。みんな黒髪で、表情的な明るさ、楽しさが、まるで感じられない。なんてストレスが多い国だろうと。

日本で僕は、今までの菓子屋とはぜんぜん違うことをやっていこうと考えていました。しかし、この重さに耐えられるだろうか。ここで自分が勝負できるだろうか。最初は不安で、そんな自分を奮い立たせるために苦労しました。

「気持ちがちゃんとしていれば、できるよ」

もう一人の自分が、僕に向かって呼びかけていました。帰国して、とにかく手元には一円のお金もなかったので、兄にまず一〇〇万円を借りることにしました。兄は機械の加工業をしていた父の後を継ぎ、埼玉の浦和(現・さいたま市)で事業をしていましたから。その兄が「空いてる家があるぞ」と教えてくれたのは、畑の中にポツンと建つブリキ小屋でした。

以前、お煎餅屋さんの倉庫として使われていた二階建ての一軒家。ここなら菓子を作り、住むこともできる。すぐ借りる手続きをしました。

「フランスでやってきたことを、ここで自分なりに実現してみよう」

無一文の身ですから、最初は人に雇われて働くことも考えました。フランスでは、ずいぶんたくさんの日本人から名刺をもらっていましたから。日本は高度成長期の真っただ中で、「帰国したら、お店をやりませんか」との誘いもたくさんあって。ありがたいことですよね。でもね、そんな人たちと話をするたび、いつも腹を立てていました。違いすぎる価値観を会話の端々から感じて。

もちろん雇われたら、一生懸命仕事をするつもりです。仕事をするからには一円でも多くの利益を出す、その意義があると思っているから。

しかし、いつまで、はい、はいとその要求に従えるだろう。いろいろな人が介在し、意見を言う。内容より数値化された目標に一喜一憂する毎日、それで仕事の充実感は得られるか。こんなことを考えるなら、誰とも利害関係を持たないことが一番いいだろう。それがわかっていたので、「苦しくたって俺は絶対一人でやるよ」と決断したわけです。ダメだったら、すべて自分の責任。自分が首をくくればいいわけですから。その精神的な強さは、フランスで充分に養ってきました。

これがもしフランスだったら、シェフのやりたい方向性を理解したうえで雇い入れるので、好きなことをさせてくれるでしょう。

雇った側は、シェフに厨房の全権をゆだねます。営業の数字が悪いからって、ああしろ、こうしろとは、彼らは言いません。ダメだと思えば、違うシェフを入れるだけ。シェフの特徴を出そうとするのが、フランスですからね。実力本位だからこそのシビアな世界です。これなら僕も納得がいきます。

日本は、名前が売れているから、とかいう理由でシェフを招いても、途中から思うような数字がとれないと、どんどん注文を出してくる。言い方は悪いのですが、ここが日本人の心の狭さであり、せこいところ。日本人のせこさは、フランスにいた時からわかっていたことです。

僕は、儲けたいから菓子屋を始めたわけじゃない。仕事を通して自分を表現するものが、菓子だったのです。

フランスでは、とにかく自分を表現しないとやっていけない世界でした。自分の意見を言いなさい。政治のことがわからなくても、お前は右なのか、左なのかって言われますよ。相手と対等に話せるような議論の仕方を、フランスで覚えさせられたのです。

最初から店を出すのは資金的に無理だったので、菓子の卸業からスタートすることにしました。作ったものを、あちらこちらの菓子店に置いてもらうように営業してまわり、注文を受けて卸した分が儲けになるという仕組みです。当初、作った菓子を篭に入れて自分で売り歩こうか、とも思っていたくらいです。

同じ時期にフランスから帰国した仲間が二人いました。彼らも一緒に菓子を作りたいと言ってくれ、僕は二人の給料を支払える自信はありませんでしたが、帰国から二カ月後の八月、とりあえず三人で〈かわた菓子研究所〉をスタートさせました。一人でやるよりも、楽しいことができるかもしれないと。ほら、三人寄ればなんとかって言うし。

菓子を作るのに、なぜ研究所なの？　と聞かれることもありますが、そこに特別な意味があったわけではないです。ただ漠然と……ですけど、おいしい菓子を作ることを、研究するように追求していこうという思いは、当時から強かったですから。

フランスで過ごした一〇年間のうち、実際に仕事をしていたのは六年くらいのもので、あとは働かずに自分の好きなこと、やりたいことに時間を費やしていたことは、前に触れましたよね。その中で一番夢中になっていたのは、食に関連する本を読むことでした。フランス菓子を作るためには、フランス料理の知識も持っておく必要があるわけで、古い文献や百科事典など、とにかく古本屋などで集めた本を部屋で読みまくっていました。

フランス語の辞書をめくりながら自分なりに本を訳していたとき、ふと、これを翻訳したらどうだろうと思ったんです。それで一時期、菓子職人より、翻訳家をめざそうと本気で考え、熱心に取り組んだことがありました。

でも、翻訳は一朝一夕でできることではありません。日常会話のフランス語ができても、やっぱり基礎からフランス語をしっかり学んでいかないと、できるものではないです。基本が備わっていないことを棚に上げ、翻訳をするには現実的に無理がありました。

お金が底をついてくると、給料のいいパン屋で働き、ある程度のお金が貯まると店を辞め、また翻訳に没頭する。そんなことを一年ほどしていたある日、部屋を借りていた〈ホテル・セントラル〉のマダムに言われました。

「あなたは菓子を学びたくて、フランスまで来たのでしょう?」

中途半端な気持ちでやっていたのでは、何ものにすることはできない、という意味合いが含まれていたのだと思います。

僕にも迷いがありました。翻訳する作業は思った以上に困難だったし、そのためには膨大な時間がかかる。これで食べていくのは大変だろうなあと……。結局、菓子を作ることが本筋だと気づきました。そんな過去の経緯もあって、無意識のうちに〝研究所〟なんてつけたのかもしれません。社名に「研究所」をつけると法人税が安くなる、といった話も聞いたけれど、そんな恩恵はまったくありませんでした。

菓子が売れない！

菓子を作るための道具類は中古品を買い集め、最低限のものを揃えました。最初に作った商品はチョコレート。なぜかって、いろいろな道具をそろえなくても作れる菓子だったから。それとチョコレートなら誰にも負けない、という自信があった。ところが、自分の思い描く筋書きのようには売れなくて……。

僕は経営者となったわけですが、菓子の売上げというものが最初の頃はほとんどなかったから、みんなに満足な給料が払える状態ではありませんでした。しかし人を雇った以上は、給料を払う義務と責任があるわけで……そこで人からの紹介で、料理の専門学校や、菓子の材料を扱うメーカーなどの講習会で菓子作りを教え、いただいた講習料をみんなの給料にまわしました。一時は菓子を作るよりも、みんなの給料分を稼ごうと、そっちのアルバイトに懸命になっていたくらいです。

とにかく売れる菓子を何かひとつでも作りたかったから、いろいろなことを試みました。パンダのチョコレートとか、人気キャラクターのチョコレート、ボンボン・ショコラ……。周りの人の助けなどもあって、二年後、三年後には販路は少しずつ広がっていきました。

当時僕は、車の免許を持っていなかったので、作った菓子を段ボール箱に詰めて風呂敷で包み、浦和駅から電車に乗って、あちこちの店に届けていました。今日は新宿方面、明日は東京方面という具合に、みんなで手分けをして。

菓子を卸す店があちこちに点在しているので、最寄りの駅のベンチに荷物をいったん下ろし、他店へ持参する荷物を置いたまま、目的の店に菓子を届け、戻ってきて次の店へ行くなんてことをしていました。

あるとき、駅に戻ると置いたはずの荷物がない。あせりました。駅員さんに駆け寄って尋ねると、駅長室に持っていったと。事情を話したら、ガミガミと怒られました。

でも、一番辛かったのは朝の通勤時、大きな荷物を手にして電車に乗ると、みんなの冷たい視線がこっちに向けられ、睨まれました。汗がどっと流れ出て、商品である菓子が押し潰されないようにと、守ることに必死で。今となれば笑って話せますが、もう二度とあんな思いはしたくないです。とにかく、あの冷たい視線は怖かったあ。

菓子の卸業を始めて、初めの三年間の売り上げは厳しいものでした。腕に自信のあったチョコレートが売れなければ、別の売れる菓子を新たに考えるしかない。厨房には中古のオーブンを、とりあえず備え付けてはいました。

そこで、プティ・フール・セックを焼いてみようか……と考えを改めました。というのはこのブリキ小屋で、粉を使った菓子を作ろうとは、まったく考えていなかったんですよ。道具もないし。だから最初の頃は、粉に触ることに気がすすまず、イヤイヤ作っていました。

とっさに書いた六〜七種のルセットでしたが、その時のものが今の基本となっているものです。まさかこのプティ・フール・セックが、店を救うほどの大きな存在になろうとは。

人間は極限まで追い詰められると、何か考えるものです。そこから出てきたものには、強い力が宿っている。ただ、そこに至るまでに、肉付けとなる充電期間を作っておくことが必要で、それが満ち足りていれば、どんな場面に遭遇しようとも、立ち向かえると思います。

セック＝secとは「乾いた」という意味で、乾き菓子のジャンルです。日本ではプティ・フール・セックより、クッキーと言ったほうが伝わりやすいので、クッキーの総称でくくられることが多いのですが、僕にとってはまったく別の菓子だよ、と声を大にして言いたいくらい。卸先の店からの評判もよく、販路である菓子屋の軒数も徐々に増えていきました。

このとき焼いていたプティ・フール・セックは、フランスでの修業中、あちこちの店を見たり食べたりして学んできたものです。一番刺激を受けたのは、アルザス地方ミュールーズにあった〈カプリス〉という菓子屋のもの。今は〈ジャック〉という、よく知られた店がありますが、当時は〈カプリス〉のほうが有名でした。

〈カプリス〉は、フール・セックとコンフィズリー、チョコレートだけを作っていました。生菓子、プティ・ガトー、アントルメといった類は一切なくて、特徴的で珍しい店でした。店主はそれを狙っていたのかどうかはわかりませんが……たぶん狙っていたとは思います。パリのプティ・フール・セックは、ほとんどが焼きっぱなしだったのに対し、〈カプリス〉ではジャムを挟んだり、フルーツのコンフィを混ぜて焼き込んだり、小さく切って飾ってあったりと、とても多彩で華やか。初めて目にする表現法に「これだ!」と直感しました。

すごい腕を持つ職人の仕事でした。サブレ、パイ、メレンゲ……といった多種類の生地を使い分け、ジャムやコンフィを自在に組み合わせていくわけですから。僕は、これからのプティ・フール・セックのヒントになると思った。

もちろん、サブレだけでもいいんです。それは、それでおいしい。僕も、店では好きなサブレを出しています。ただ、プティ・フール・セックのバリエーションとして五種類、一〇種類を出すなら、どの生地を選ぶか。その次に何を合わせていくか、です。

あるものにはプラリネ[*9]を、あるものにはガナッシュを、というふうに。これはプティ・フール・セックだけのことじゃないです。生菓子にも同じ考えがあてはまると思う。この菓子はどうやって生地の食感を出すのか、味を出すのかって、頭の中で想像し、検討していく。

菓子は、異なる表現方法があって、時代、時代でそれが変わっていくから面白いんです。もっとも僕は、時代に合わせたものを出すことは考えたこともなくて、その時に思う気持ちで作っています。だって時代に合わせたら、その時点ですでに遅れているわけだから。

プティ・フール・セックの誕生

菓子の卸業を始めて三年ほど過ぎた頃だったと思います。東京・芝公園にあるフランス料理のレストラン〈クレッセント〉に知り合いの料理人がいたので、ある日、店の厨房へ遊びに行き、今、どんなデザートを作っているのかを見せてもらいました。

そして帰り際、お土産に店のプティ・フール・セックをもらい、自宅でそれを口にすると、あまりにもひどかった。焼きが中途半端で風味もない。値段はけっこうなものなのに。「高級料理の看板を掲げる〈クレッセント〉が、なぜこんなプティ・フール・セックを売っているのか、わからないよ」。菓子をもらっておきながら、文句が出てきました。

〈クレッセント〉は気軽に食事を楽しめるような場所ではなかったし、日本のフランス料理界をリードするような存在の店でしたから、ショックだったし、とても残念だった。後日、店に行った折に、「なんとかしろよ」僕は素直に思ったことを口に出しました。お客に喜びや感動を与えてくれるような場所で、「これはないだろう」とね。

商売をしたくて言ったんじゃありません。文句を言った手前、僕の店で作ったプティ・フール・セックを持って行き、社長にも、みんなにも食べてもらいました。

「言っていることの意味はわかった。君のプティ・フール・セックを店に置いてごらん」

この一件がきっかけとなって、〈クレッセント〉のお客さんたちに〈製造元・かわた菓子研究所〉と記されたプティ・フール・セックを食べてもらえるようになりました。

ここからですよ、売り上げが上向きになり、商売らしくなっていったのは。たまたま雑誌で紹介され、その反響から、多い時は一〇〇軒ほどの店へ卸していた時もありました。二～三缶という注文をもらう店もあったのですが、届けるだけの往復の交通費で儲け分はなくなってしまうので、「ごめんなさい」とお断りをしたこともあります。

今も店の一番の人気は、このプティ・フール・セックですね。毎日かなりの個数を焼いています。お中元、お歳暮の時期には、とにかくものすごい数になって。

しかし、同じ作業ばかりを延々と繰り返していると、緊張がゆるみ、普通では考えられないようなミスがスタッフの間で次々と起こる。僕が仕事をしていて一番いやなのは、適当に仕事を流すことです。菓子屋って、いつの間にか流しながらの仕事をやっていることが案外多いんです。うちの店なんかでもそうです。

プティ・フール・セックの生地を、たとえば二〇〇〇個絞り出すと、長さ、太さが一定じゃないこともあります。焼き色だってバラバラになるし。これって気持ちが入っていないからです。すると僕の怒りが噴き出してくる。

「これじゃ、作業をこなしているだけだろう!」

そんな人に菓子を触ってほしくないです。見ている僕の気持ちまで下げられるし、こうなると悔しくってしょうがない。

値段をつけて売る以上、一円でも、お客さんからお金をもらうわけですから、バカにした仕事をされると腹がたつんですよ。僕が客の立場だったら、もちろん文句を言います。たった一円のものだって、お金を払うんだから、そこには一円分の価値が欲しい。一円だからいいやー、じゃなくて。とにかく仕事でだらしがないのは、許せない。

そういう人間がおいしいものを作れるのかって言ったら、絶対作れないと思う。そんな心を持っていたら。だから僕はいつも、口をすっぱくしてみんなに言っているんです。

それは二〇〇〇分の一個にすぎないのかもしれない。けれども食べる側にとっては一個。〈オーボンヴュータン〉の菓子だと、喜んで食べてくれる人に申し訳ないです。だから僕は、どんなに小さな菓子であっても、粗末な仕事なんかしてほしくないんですよ。

畑に取り残されたように一軒だけ建っていたブリキ小屋は、太陽の光をまともに受けていましたから夏は暑く、冬はすきま風が入る寒い家でした。おまけに浦和駅からもかなり離れた不便なところにありました。今、埼玉スタジアムが建っているあたりです、たぶん。

そんな場所にもかかわらず、パリの〈ホテル・セントラル〉で一緒に夢を語り合った仲間たちが、よく訪ねて来てくれました。お金はなかったけれど、家じゅうの小銭をかき集めればなんとかなるだろうと、お寿司やラーメンの出前をとったら、払えなくて困ったことが何度かあったり……そんなギリギリの生活でした。

ブリキ小屋の二階にはベランダがあって、ほら、洗濯物を干すために設けられた小さなスペースがありますよね。そこは風通しがいいから、みんなで車座になり、そこで菓子談議をしたりして。フランスからの延長で、話題なんかいくらでも出てきましたからね。

当時は、チョコレートとプティ・フール・セックを作っていましたが、僕は、もっと種類の異なる幅広い菓子の知識や、それを作る手法、技術などを、みんなに話していました。でも、そんな理想論を喋るだけなら、誰でもできる。

実現もできないのに、偉そうにものを言う口先だけの人間にはなりたくなかったから、これまでみんなに語ってきたことを実現させないといけない、という気持ちがしだいに強くなって、そのための第一歩は、まず店を構えることだと思っていました。

プティ・フール・セックが安定して売れるようになった頃から、その実現に向けて本格的に物事を進めようと、意識して考えるようになっていました。

＊9 **プラリネ**　アーモンドとヘーゼルナッツをローストし、グラニュー糖で作った飴を絡めてキャラメリゼし、ローラー（粉砕機）にかけてクリーム状にしたもの。

ミロワール（プティ・フール・セック）を作る

プティ・フール・セックは、いろいろなバリエーションを作ることが大事です。どうやって味と、形と、種類を変化させて、この菓子を楽しむか。それには種類が最低でも六～七種類は欲しいところです。

うちの店が、数種類を組み合わせて缶に詰めたものを販売している理由もそこにあります。一種類だけを袋詰めにして売ることは、プティ・フール・セックの楽しみ方に反すると、僕は思うから。

フランス菓子はどんなものでも、アマンド（アーモンド）がそれなりに入っていないとおいしくないです。これから作るミロワールはプティ・フール・セックの一種。小麦粉はほとんど入らず、アーモンドを細かく砕いた粉状のものを使います。

この粉状になったアーモンドとグラニュー糖を一対一の割合で合わせたものを、タンプータンと言って、フランス菓子では、これを使っていろいろな生地を作ります。だからあの香ばしい旨さが生まれるわけで、僕はここに一度使ったバニラスティックを乾かし、粉砕したものを加えています。ほんのりと強すぎない程度のバニラの風味がついて、味に奥行きを持たせます。

ミロワールは軽い食感を作るため、しっかりと泡立てた卵白に、タンプータンと薄力粉を合わせて、ベースとなる生地を最初に作ります。これを絞り袋に入れ、天板に小さくいくつも絞り出して、刻みアーモンドをたっぷりとふりつける。

さらにクレーム・ダマンド（バター、タンプータン、全卵を合わせたもの）を生地の中央に絞り出し、一八〇度のオーブンで焼きます。二〇分くらい焼くと、素材にしっかり火が入ってそれぞれの旨みが出てきます。

しかし、生地が焼き上がってもここで完成ではありません。クレーム・ダマンドの生地の上にアプリコットジャムを塗って乾かし、ツヤを出すためのグラス・ア・ロを塗り、オーブンでさっと乾かして仕上げる。〝ミロワール〟とは鏡の意味で、このピカッとしたツヤが鏡を表現しているわけです。

小さな焼き菓子ですが、このツヤがあることで華やかさが加わり、また、おいしそうに感じられるでしょ。僕は、こういう菓子が大好きです。だって絶対「旨い」ってわかるから。手間がかかっても、おいしいからやめられないんですよ。

Petit four sec

プティ・フール・セック “ミロワール”

材料（約76個分）

クレーム・ダマンド

A
- 無塩バター　50g
- タンプータン（作り方／ p165）　100g
- 全卵　50g

卵白　100g
グラニュー糖　30g
タンプータン（作り方／ p165）　200g
薄力粉　20g
アーモンド（細かく砕いたもの）　適量
アプリコットジャム　適量
グラス・ア・ロ（作り方／ p165）　適量

作り方

1 クレーム・ダマンドを作る。ボウルにAのバターを入れてやわらかくし、タンプータンを加える。混ざったら、全卵を少量ずつ合わせ混ぜる。
2 卵白にグラニュー糖を加えて泡立て、しっかりとしたメレンゲを作る。
3 タンプータンと薄力粉を合わせて2に加えて、ゴムベラで混ぜる。
4 9番の丸口金をつけた絞り袋に、3の生地を入れる。バターを塗った天板に、4cm長さの楕円形に生地を絞っていく。
5 アーモンドを生地の表面にふりつけていく。
6 1のクレーム・ダマンドを4番の丸口金をつけた絞り袋に入れ、4の生地の中央に、2cm長さに絞る。
7 180℃のオーブンで約20分焼く。
8 生地が冷めたら、熱したアプリコットジャムを刷毛で塗って乾かす。グラス・ア・ロを、アプリコットジャムの部分だけに刷毛で塗る。
9 180℃のオーブンに2分入れて、ツヤを出す。

[タンプータンの作り方]

皮なしアーモンド(1kg)とグラニュー糖(1kg)、バニラスティック(5～6本)をローラー(粉砕機)に3回ほどかけて粉砕する。

[グラス・ア・ロの作り方]

フォンダン(適量)を、ボーメ30℃のシロップ(適量)でのばす。
鍋に入れ、32～35℃でゆっくり煮溶かす。

7

Au bon vieux temps

オー・ボン・ヴュー・タン

まさか自分が店を持つなんて、フランスでは、ひとかけらも思っていませんでした。自分の店を持ちたいということも、修業中には考えもしなかった。そんなことを考えながら仕事をしているのはダメだと思っていましたからね。

「今が勝負だ！」と常に思って戦ってきたから、将来のことなど考えたこともなくて。今、目の前の現実のことをしっかりやる、これが大事でした。すると、次に何をしなければならないかが読めてくるんです。

夢中でそれをやっていると、また次の目標が見えてきて、そっちが欲しくなる。この繰り返しでした。

〈パリ・ヒルトン〉のシェフを辞めた時点で、「自分の店をやろうか」と、このとき初めて思ったんです。ここまで戦ってきたパワーを、こんどは自分のために使いたいと。

〈オーボンヴュータン〉を開店

店を持たず、菓子屋やレストランなどに卸していた〈かわた菓子研究所〉の菓子も、少しずつ順調に売れ始め、経営も黒字に転じるようになった四年目あたりから、店の候補地となる場所探しを始めました。資金なんてまるでなかったですよ。でも、ないなら、ないなりの行動を起こしていかないと、何も始まらないわけですから。

今の尾山台に店を開いたのは偶然です。最初は、千代田区の麹町周辺でかなり探したのですが、地下鉄・半蔵門線が開通に向けて地下を掘っていた最中で、物件があまりなかったんですよ。オフィス街なので、休日は人がぜんぜん歩いていませんでしたが、それはそれでいいと思って。でも、しばらく待っても物件がなくて、あきらめました。

次は吉祥寺の井の頭公園周辺。京王井の頭線の公園前駅のほど近く、物件となる店の前に大きな桜の木がある抜群の環境でしたが、ここは金額が高すぎて、とても手が出ませんでした。

これだけ場所を探して、すでに一年以上が過ぎていましたから、少しあせりを感じていたある日、店舗情報の雑誌をめくっていると、現在(旧店舗)の場所が載っていました。

当時、尾山台には、青山が本店の〈ルコント〉の支店があって、そこへチョコレートを配達していたので、僕なりのぼんやりとした土地勘はありました。あのにぎやかな商店街のあるところだ、というイメージが浮かんで。そこで実際に物件まで足を運んでみると、細長くて奥行きのある空間でした。

僕の中で絶対に妥協できなかったところは、広さでした。売り場と厨房を含めて五〇坪。この広さがなければ、自分の思い描く菓子作りの実現は難しいと思っていましたから。

卸業をやっていた時は、遊びの空間はいりませんでした。むき出しの棚に材料や商品を並べ、無駄なスペースは一切なかった。でも店となると、売り場では遊びの空間、無駄なスペースこそが大事な要素。それと広い厨房は絶対です。人と肩がぶつかりそうな窮屈な厨房では作業効率が悪く、できる仕事も限られてしまいます。だから製造スペースの面積は売り場の倍以上は設けたかったわけです。

僕がフランスで修業してきた店の厨房は、みな売り場の倍以上の広さがあるところでした。働く人の環境をまず第一に整えなかったら、おいしいものを作り続けられるはずがありません。それと、今まで僕がみんなに話してきた菓子作りの幅広い手法も、この充分なスペースがないと、絶対に実現できないと思っていましたからね。ここは地下があったので、売り場と厨房のスペースをギリギリ確保できると判断し、最終的に決めたんです。

もしこの物件と出合っていなかったら、パリに店を構えていたかもしれません。頭の中にはそんな別の構想も描いてはいたんです。東京に店を構えるよりも、パリのほうが家賃は安いし、菓子の道具類を揃えるにも便利、いろいろなメリットも多かったから。

資金は、銀行に無理やり出してもらいました。銀行は無理だと言っているのに、僕は毎日、しつこく、しつこく、半年以上、銀行に通い続けていました。

「不動産もなくて、預金もない。これじゃ、河田さんへの融資はとても無理です」

「でも、あなたは言いましたよ、『出してもいいです』って」

当時、日本経済はバブルのはしり、銀行員がつい口を滑らせたひと言を僕は聞き逃さず、覚えていました。だから、そこに望みがあると必死でした。出せ、出せ、出せ！　とばかりに、強気の意気込みでアピールをしました。

でも心の中では、毎日こんなことばかりを繰り返していても、らちがあかないなあとは思っていたんです。突破口がないなら、自分でその突破口になるものを仕掛けるしかない……。つまり、物件の契約です。

「物件借用の契約をしました。これが、その書類です」

判を押した契約書を、銀行の担当者に差し出しました。強引なやり方ではありましたが、ワラにもすがりたい唯一の頼みの綱でしたからね。銀行側もこれを見て、しぶしぶ融資を承諾してくれました。今思えば、よく出してくれたものです。でも、金利はものすごく高かった。だから、その毎月の返済額の多さを見て緊張しました。一億円もの借金を抱え、生命保険にも入りました。

もう前に進むより道はない。この店は命と引き換え、絶対に潰せない。店が繁栄するかどうかは、自分との闘いだと思いました。このときの僕は、吉川英治の『宮本武蔵』を読み返していました。

フランスでの修業中、袋小路に入って長く悩んでいた時期に、司馬遼太郎や吉川英治の歴史小説をよく読みました。人生に迷いながらも孤独に打ち克って、自らの運命を切り拓く主人公の意志の強さ。ここに自分の思いを重ね合わせ、気持ちを必死にふるい立たせようとしていたんです。これを読んでとても励まされた経験から、またこの本を手に取っていたわけです。

そして、この勝負にかける強い気持ちを後押ししてくれたのは、もう一人の自分でした。

開店へ向けて一気に走り出しました。店のデザインをお願いしたのは、住宅を手がけていた建築家です。店舗を専門に手がけるデザイナーだと、必然的にお客さんが入りやすい雰囲気を考えるでしょう。すると店造りから展示方法まで、ほとんどが似通ったパターンになってしまう。それは絶対に避けたかったから。

むしろ専門外の人に知恵を絞ってもらうのがいいかもしれない、と考えた結果です。そこには戦いがありました。相手も僕も、初めての経験でしたから。言い合いをしながら物事を決めていくことは、どちらかといえば僕は好きなほうです。もちろん、店舗専門のデザイナーに頼んだら、もっといいアイデアが出てきたのかもしれませんが、それを言ったらきりがない。

菓子屋の修業に入るのも、あの店も、この店も……といつまでもやっていられない。違う店に入れば入るだけ、覚えることはあるかもしれないけれど、どこかでけじめをつけなければならない。決断したら、あとはその道を疑うことなく、信じて歩くだけ。そして、自分で決めたことに対しては、最後までリスクを負うこと。

流されないように確固たる自信をもつこと、これが物事をやり通す一番の原動力になるんじゃないかなって、思います。

当初は店の奥に大きなテーブルを配し、サロンを設けました。作りたての菓子をその場で味わってほしいと設けた場所でしたが、いつの間にか地元の喫茶店のような存在になってしまい、このサロンだけが忙しくて大変でした。これは誤算でした。店の色が違う方向でついてしまうことを避けたかった。うちは、フランス菓子で商売をしている店ですと、本当は声を大にしてお客さんに言いたかったんです。

十数年後、思いきってフランスやイタリアのバールをイメージして店内を改装し、今のようなカウンターを設けて、念願だったエスプレッソを出すようにしました。サービスするのは菓子製造を希望する者で、ホールでまず一年間の勉強をしてもらいます。お客さんからは、素人のような人がやっているから、もう少し、プロっぽい人がサービスしてくれるといい、という意見をもらうこともありますが、うちは菓子屋ですから。

よけいなお膳立てはしなくていい。あいさつと、あたりまえのことだけをきちんとしなさい。あとの作業は手際よく、テキパキこなしてさえいれば、見ていて気持ちがいいから」これだけを伝えています。

菓子をきれいに包装する、注文を間違えない、といったことは基本中の基本だから、これに関しては、うるさく言います。時にお客さんから、店員の愛想が悪いなんて言われることもありますが、やることをきちんとやりさえすれば、頭を何度も下げたり、ニコニコと媚を売ったりしなくていいと僕は思う。

お客さんは何の違和感もなく、普通の気持ちで菓子を買って帰ってくれるのがいいんです。いい店だね、と思われなくていいです。店で買った菓子を家で食べてもらって、「おいしいね」のひと言があれば、最高です。それが僕の一番の喜びです。

修業時代の仲間とともに

菓子の卸業に徹した五年間は、チョコレートとプティ・フール・セックばかりを作っていたので、昔のようにいろんな菓子が作れるだろうかと、多少の不安がありました。そのときに助けてくれたのは、フランスでの修業時代をともに送った仲間たちでした。なかでも永井春男くんには本当に世話になりました。彼がいたから、今の店があると言ってもいいくらい、職人の域に達した仕事をして支えてくれた。

彼は、僕と九九パーセント同じ考えで、莫逆《ばくぎゃく》の友です。残り一パーセント分は、「こんなことをしたい」と、ちょっと話すと、ルセットをすぐさま書き上げて、僕の思ったとおりの菓子を作り上げてきます。まさにツーカーの仲ですね。

「匂いでわかったよ！」

ある日突然、浦和のブリキ小屋まで訪ねて来た彼の言葉でした。彼はカナダから直接、うちへやって来ました。それで再びカナダに帰るというから、僕は引きとめた。

「カナダになんか戻るな！　この店を手伝ってくれないか」

彼にそばにいてほしかったから、僕は彼をコンコンと説得しました。

フランスで初めて会った日から、一緒に遊びました。なんだか気が合ったんですね。僕が〈パリ・ヒルトン〉でシェフをしていた時期で、仕事がないという彼を、知り合いだった〈ダロワイヨ〉のパトロンに紹介し、そこで働き始めました。三カ月働いて労働許可証の認可が降りなかったのでそこを辞めた彼に、別のパン屋をまた紹介した。パン屋の給料が菓子屋よりもいいことを僕は知っていましたから、パン屋をすすめたわけです。パン屋の朝は早いけれど、夕方前には仕事は終わりますから、彼は遊びまくっていましたね。

で、彼に説教をしたんです、「いい加減にしなさい」と。

いい腕を持っていたから、もっとまじめに働いてほしかった。僕は心ではそんな気もないのに、「お前なんか、どこかに行ってしまえ」と怒鳴ったら、本当にどっかに行ってしまって、その後、しばらく行方不明になりました。あとで聞くと、スイスやカナダに移って仕事をしていたそうです。行った場所で、いろいろなことを吸収し、大きくなって帰ってきた面白いやつですよ。

彼は、僕が今まで会った中で一番の職人です。それくらい優れた腕を持ち、なおかつ信頼のおける人物だと思っています。

現在は、東京・自由が丘に〈ル・スフレ〉という店を構えています。おいしいスフレが食べられるという評判の店です。彼が作るあのスフレは、彼の人生観そのもの。菓子屋、パン屋、レストランといろいろな場面を見て人生を歩んできた、その結集の現われです。ポール・ボキューズや、ジョエル・ロブションなど一流のフランス料理人も、彼のスフレを真似ようと店を訪れていますが、あのスフレは彼にしかできないものでしょう。

作るのを見ていると、いとも簡単に、淡々と作業をこなしていく。それは技術がどうのとかじゃなく、経験の中で培われてきたもの、彼の感度がそうさせるんだと思います。

僕はカナダに帰る彼を引きとめ、手伝ってもらうようにしました。〈オーボンヴュータン〉の開店時は、二人で店を盛り上げようと頑張ったのですが、作った菓子は、まあ、見事に売れない。ほとんど売れ残って、店には閑古鳥が鳴いていました。

だから借金の返済と、みんなの給料を払うのに四苦八苦です。当時、菓子の卸業の延長で、プティ・フール・セックの注文をそのまま受けていたので、それで稼いで僕の首の皮は辛うじてつながってはいましたが……。

三〇年たってもブレない

オーボンヴュータンとは、〝思い出の時〟という意味合いです。フランスでの修業時代、いろいろな思いを懐かしむ気持ちがあって、この店名をつけました。ただ、店の名前が抽象的なので、店のシンボルになるものを何か考えたほうがなじんでもらいやすいだろう、と思いついたのが洋梨です。店のシールに洋梨を描き、看板にも洋梨を取り入れてデザインをしてもらいました。

といっても看板は、開店してから作ったものです。パリの次に好きな都市はザルツブルクで、僕はクラシック音楽に深い造詣はないんですが、モーツァルトなんかはよく聴くほうで。やはりモーツァルトの生誕地だけあって音楽学校が多いんでしょう、だから、あの辺を何気なく散歩していると、曲の練習をしている音があちこちから耳に入ってくる。

ザルツブルク城の近くには、ビストロやカフェが通り沿いに軒をなし、特徴のある店の看板がズラリと並んでいる。その景色がよくてね。そんなイメージの延長で制作してもらったものなんです。クラシックな感じで、気に入っているんです。

どこの店にも、名物的な菓子があるもので、うちは何にしようかと悩みました。洋梨がシンボル的存在となれば、やはり洋梨を使ったもので何か作りたい。ならば菓子屋の基本のクリーム、カスタードと、洋梨を組み合わせてみようか……。

そこでヒントとなったのが、〈ポンス〉で修業をしているときに覚えた菓子でした。菓子の名前は忘れてしまいましたが、丸く型抜きしたビスキュイ生地に、洋梨から造った酒をそのまま刷毛でたっぷりと打っていました。酔っぱらっちゃいますよ。これだと日本人には強すぎるので、僕は酒にシロップを混ぜ合わせて打っています。

このビスキュイ生地をココット型に敷き、シロップと酒でのばしたカスタードクリームと洋梨のコンポートを入れ、表面をグラニュー糖でキャラメリゼすることにしました。こうして完成したオーボンヴュータンは、今では一日に四〇個くらい作ります。週末はその倍で、人気のある菓子のひとつです。

今、開店当時からずっと残っている菓子は、全体の三分の一くらいですね。菓子名をあげると、オーボンヴュータン、モンブラン、ミルフィーユ、ババ、シュークリーム、フロマージュ・クリュ、フロマージュ・キュイ……。

ほとんどの菓子は、開店当時からずっと同じスタイルです。どれも試作を重ねて作り上げてきたものなので、変えようとしても、何かの理由がないとこれ以上のものはできない、と思っています。

モンブランひとつとっても、「これがうちのモンブランだ。この方法じゃないとおいしくない」というものがありますから、ぜんぜん当時からブレていません。モンブランはマロン風味のクリームを味わうケーキですが、僕はクリームだけでなく生地も一緒に楽しんでほしいと思う。だからモンブランの土台は、通常はスポンジ生地が多いけれども、うちはメレンゲ生地を使います。

このメレンゲの上には、三つのクリーム（マロンクリーム、生クリーム、マロンクリーム＋生クリーム）を層のように重ね、メレンゲは上のクリームの水分を吸い込む。すると固く焼いたメレンゲがグシャッとなって飴のような食感になることで、生地はさらにおいしく、そしてクリームとの対比がまた面白い、という計算のもとに構成しているんです。甘さだけではない、菓子の食感やバランスの味わい、いろいろな旨さを出したくてね。

オーボンヴュータンという菓子についても、そうです。キャラメリゼした飴、とろっとしたクリーム、水分を吸い込むビスキュイ、もう僕の中ではこれだと決まっています。

これは全部の菓子に統一して考えていることで、やっぱり基本のところでブレたら店の菓子は、どんどんブレてしまいます。人によっては、三〇年前に考えた菓子を今も作り続けているなんて、時代遅れだと思うかもしれないけれど。

今は、進化することがいい、という風潮ですよね。あるいは構成を複雑にしたり、時代の流行に合わせたり。果たしておいしいのか？　ほとんどは、おいしいものにあたらない、目新しさだけでしょう。でも時代の流行りものが悪いというわけじゃない。その新しい菓子の流れを、どうやって自分は消化していこうか、という気持ちは僕の中にもあります。今までの経験の中で得た知識と技術、それをどう消化していこうかと。時には追いかけることも必要なこと。そこは否定なんかしません。

卸し業のときも、店を開いてからも、僕は、菓子で強い表現をしていました。だから菓子に対する客の反応はさまざまで、おいしいと言ってくれる人もいたし、お酒がきついとか、味がくどいとか言われたりもして……。売れるより、売れ残る数のほうが多くて、毎日ほとんど捨てていました。せっかく作ったので大家さんや近所へ菓子をあげまくっていましたが、毎日持って行くわけにもいかないから、捨てることがホント、辛かったですよね。

なんで売れないんだろうねって、売れ残った菓子を前にして、妻とよく考えました。やわらかい、ふわふわのショートケーキのほうが、日本人は好きなのかなあ。そのほうがお客さん受けがいいのかなあ、なんて考えても僕には作れなかった。時代としてはスポンジのやわらかさや、生クリームのリッチさなどがもてはやされていました。

僕はほかの方法論を知らなかった。フランスで教わったことしかできなかったんです。日本の洋菓子と呼ばれる方法論も知りませんでしたし。頑固に作っていたんじゃなくて、これしか知らなかっただけです。たとえ長野だろうと、北海道だろうと、どこに行ってもこの方法論でしかできなかったでしょう。

ほかの菓子屋でこれが売れている、あれが売れていると聞くけれど、ここは僕の店です。自分を表現したい、好きなことをやりたいから、一億円もの借金をして始めたわけです。

だから厳しい現実と、ただ向き合うしかすべはありませんでした。フランスでの最初の三年間迷ったのも、そこだったんです。どうやって自分の菓子人生を突き進んでいくか、迷いに迷って、そこで自分にもう一人の自分が観念したんですね。このときも、いろいろと迷うのはやめ、「習ったように、やるだけだよ」と観念したのです。

「時代」のほうがふり向いた

開店から三年目くらいに、有楽町マリオンの阪急デパートから「支店を出しませんか」という突然の誘いを受けました。店を開業してからも引き続き、〈クレッセント〉からプティ・フール・セックの注文をもらっていて、おんぶに抱っこの状態でしたから、いつかは脱却しなければとの思いがあったので、これを機にデパートへの出店を決めました。

デパートだけの独自の商品を企画し、いい場所を提供してもらい、電車の中刷り広告を出してもらったこともあって、最初の一カ月は好調な売れ行きでした。しかしそれ以降は、勢いはだんだん下降線をたどっていきました。売るための新しい菓子をさらに考えましたが、思うような結果は得られず……。デパートからは、商品が売れ残らないよう、夕方五時には値引きをしてください、と言われました。それが四時になり、三時になり、最後は二時でした。

僕にしてみれば、一生懸命に作った菓子が、時間とともに値引きされるなんてとんでもないことで、デパートからの要請には一切従いませんでした。というか、従えなかった。大阪商人の考える方法にはついていけないなあと思っていた矢先、こんどは日本橋高島屋から出店の誘いがきたので、これを機に移ることにしました。経験から学習したので、もちろん値引きをしないことを条件に入れて。

阪急デパートで、うちの菓子を買い求めてくれていたお客さんの中には、有楽町から日本橋へと場所が変わっても、わざわざ買いに来てくれる人もいて、救われる思いでした。これが仕事への大きな励みになり、おいしいものを作れば、買いに来てくれる人はいるんだと確信がもてました。

店の存在が広く世間に知られるきっかけとなったのは、テレビ番組で取り上げられたことです。夜のゴールデンタイムで三〇分間の特集番組で放送された翌日から、お客さんがどっと店に詰めかけてきました。もう、それはすごいのなんのって。作るものすべて、なんでも売れてしまう。

仕事は一変。ムチャクチャに忙しくなって、どんどん作りました。作っても、作っても、それを上回るスピードで菓子が売れていく。みんなに残業代を払い、夜食代を払い、夜中のタクシー代まで払って働いてもらいました。一年間くらい、そんな状態を続けていました。

やがて僕も、みんなも、肉体的にクタクタになって、気持ちもざらついてきた。動きは緩慢になり、緊張感もない、ただ数多くの菓子を生産している、という感覚に近かった。菓子もどんどん変になってくるし、辛くなりました。こんな状態では、みんなに言いたいことがあっても、遠慮して何も言えなくなっちゃいました。

「もう、やめよう……」

僕はもう絶対、こういうことをしないよ。売る菓子がなくなったら、なくなったままでいい。決めた時間内で、できる数の菓子だけをきっちりと作っていこう。この時から気持ちを一新させ、仕事への取り組み方を変えました。

お昼ですべての菓子が完売してしまうと、「なぜ、もっと作らないの」とお客さんからは文句を言われました。遠方からわざわざ買いに来てくれる人も多かったので、申し訳なかったのですが、でも、それ以上は作れなかった。心が満たされるはずの菓子なのに、作り手が辛い思いをして作ってはいけないと思ったから。

自分で納得できない菓子が食べられること、それが嫌になっちゃったんです。そこには職人としてのこだわりもありました。作れば作るだけ、どんなものでも売れちゃいましたからね。

値段をつけて売るからには、心の入った仕事でないと申し訳ない。

ふり返れば、この単純さがよかったんじゃないですか。頭のいい人が、いろいろな作戦を練るよりも、観念して朴訥にやっているほうが、僕の生きざまには合った。それが今もこうして店が続けられている理由なんじゃないですか。

数カ月前まで売り上げがぜんぜんなくて、資金繰りに頭を悩ませていたのがうそのようでした。トイレットペーパーを買うお金にさえ困っていたくらいだったのに、借金の返済も無事できるようになったことに、ほっとしました。

「どうやら、首をくくらなくてすみそうだ」

僕は店をやっていますが、経営のことはほとんど人任せです。それでも人を雇うので、店を始める前に小六法を買いましたが、ぜんぜん読んでいません。菓子を作ることに興味が向いてしまって、そこに集中したいから。

お金のことは妻に任せきりにしていたから、実際の数字を把握していた妻は僕以上に、いつも胃をキリキリさせていたことは確かですね。引き落とし日に通帳にお金がないから、こっちとこっちの通帳のお金を合わせて……というような綿密な資金繰りをいつもやっていました。ほかに、店の事務的なことや販売、地方への菓子の発送と一手に引き受け、気丈にふるまい、こなしていました。だから妻の体は、最後には悲鳴をあげてしまったんです。

オー・ボン・ヴュー・タンを作る

フランスの古典菓子に、ピュイ・ダムールというものがあります。香ばしく焼き上げたパイ生地に、カスタードクリームを入れてグラニュー糖をふり、上からコテで焦げ目をつけるようにしっかりと焼くと、表面がパリッとしたカラメル状の飴になる。いくら乾燥した気候のフランスであっても、時間とともに飴は少しずつ溶けてひび割れ、その溶けたシロップは下のクリームに流れて水っぽくなってしまう……。

僕はね、あらゆることを計算して作るのが職人だと思うんです。しかし、フランス菓子はそこのところが、ときどき横着なんですね。でもそれがいいところでもあり、僕がこんなにフランス菓子に夢中になった理由のひとつには、そんな表情の豊かさがあります。

フランス人の作る菓子はあっちを向いたり、こっちを向いたりと、恰好などあまり気にもとめないけれど、下手なら下手なりに「下手くそだなあ」と、菓子と語りができる。それが、ガラスのショーケースの中で、あまりにもピシッときれいにおさまりすぎると、食べ手はなんと言っていいのかわからなくなってしまうような気持ちになるんです。

ただ、今のフランス菓子は、僕の長年抱いていた印象から、ずいぶん変わってきてしまいました。ひと言で言えば、きれいすぎる。洗練されているというか。

ひと昔前のフランス菓子は、見ていて人が作った懐の深さのようなものが感じられました。ここがラテン系の人間が作る菓子のいいところで、イタリアの菓子もそれに通じる泥臭さがあって、僕の好きな部類の菓子です。だから見た目の悪さが気になっても、これがピュイ・ダムールのおいしさで、これはこれでいいんですよ。

そこへいくとスイスやドイツの菓子は、形も、作りも非常にきれいに整えられすぎて、ちょっと苦手です。味の出し方もやさしくて、印象が薄いようにも感じます。

今はその個性が国境を越えてすべてが均一化されすぎて、それが菓子をつまらなくしていると思います。これは菓子に限った現象じゃないけれども。

このオー・ボン・ヴュー・タンは、洋梨の香りを食べさせようという考えで作っています。でも洋梨自体にはあまり強い香りはない。熟れると、もちろんいい香りがしますがね。店では一年じゅう出す定番の菓子なので、缶詰の洋梨を使っています。

昔は、一年分の洋梨を旬の時期に煮てストックしていましたが、とても追いつかなくなってしまい、今は缶詰です。缶をあけてそのまま使ったのでは菓子屋としてのプライドがないので、ここにバニラスティックを加え、一度煮なおして使う。こうすることで、洋梨の香りがふくよかさを帯びてくる。

そして洋梨の香りを強調するために、洋梨のシロップを作ります。

洋梨からできたお酒と少しの水、ボーメ三〇度のシロップを合わせるだけなので、難しさはありません。この「ボーメ」という単位は、普段の生活では聞き慣れないものですよね。液体の濃度を表わす単位で、ボーメ三〇度は糖度約五七パーセントに相当し、ボーメ三〇度のシロップを作る場合は、水一キロに対してグラニュー糖一三五〇グラムを溶かせばできます。

なめると甘いですよ。ですが、このボーメ三〇度のシロップはフランス菓子屋にとっては不可欠な存在で、これはいろいろな菓子に使いますから、必ず用意しておかなければいけないものです。この糖度は、菓子を作るうえで絶対に守らないといけないもので、これを使うことで、全体の味のバランスが決まってくるわけです。

洋梨のシロップができたところで、カスタードクリームにこれを合わせていきましょう。そのままでもおいしいカスタードクリームに、わざわざこうやって手を加える理由は、クリームの糖度を調節するためです。

ココット型に流したカスタードクリームの上に、グラニュー糖をふって表面をパリッと香ばしくキャラメリゼしますが、これは、時間がたつとクリームからの水分が移り、表面が割れてしまうのを防ぐため。つまり、クリームとカラメル化した飴の糖度を極力同じようにし、表面の飴が硬いまま、長い時間維持させようというわけです。

これを思いついた時、よく考えついたね、えらいねっ！て、自分で自分をほめました。これも、前述のピュイ・ダムールの表面が、ひび割れてきたところを見てきたおかげです。だから、より一層その見た目をなんとかしたいと、強く思ってね。

この菓子に使う砂糖の量は多めですよ。しかし、この甘さをどうやって表現するかというのが、職人としてのテクニック。オー・ボン・ヴュー・タンをひと口食べて、洋梨のアルコールの風味を一番に感じさせられれば僕の狙いどおりなんですがね。

Au bon vieux temps
オー・ボン・ヴュー・タン

材料（口径6cmのココット型15個分）

ビスキュイ・ダマンド（30cmx40cm天板4枚分の分量、このうち1枚を使用）

パート・ダマンド・クリュ（作り方はp140を参照）225g

粉糖　150g

A［卵黄　6個分／全卵　1.5個分］

卵白　180g

グラニュー糖　18g

薄力粉　142g

溶かしバター　156g

洋梨のコンポート（下記の分量で作り、半割4切れを使用）

洋梨のシロップ漬け（缶詰）　1缶

グラニュー糖　20～25g

バニラスティック　1/4本

洋梨風味のシロップ

ボーメ30℃のシロップ（作り方はp50を参照）　100g

　オー・ド・ヴィ・ド・ポワーノレ（洋梨の酒）　90g

　水　10g

カスタードクリーム（p96を参照し、前日に作っておく）400g

生地用のシロップ（洋梨風味のシロップを使う）　適量

グラニュー糖（キャラメリゼ用）　適量

作り方

ビスキュイ・ダマンドの生地を作る

1 ボウルに、パート・ダマンド・クリュと粉糖、Aの3分の1量の卵黄と全卵を入れ、ミキサーの低速で攪拌する。白くもったりしてきたら再びAの3分の1の量の卵を入れ、中速で攪拌する。再びもったりしてきたら残りのAの卵を加え、生地にツヤが出て、リボン状ができる固さになったらミキサーを止める。
2 別のボウルで卵白を泡立てながらグラニュー糖を加え、固いメレンゲを作る。
3 1のボウルに薄力粉を入れ、2のメレンゲを少しずつ加えながら混ぜていく。
4 溶かしバターを少しずつ加えながら混ぜる。
5 オーブンシートを敷いた天板に、4の生地を薄く平らに流す。220℃のオーブンで7～8分焼く。焼けたら天板からはずし、冷ましておく。
6 直径5cmの抜き型で30枚抜く。

洋梨のコンポートを作る

7 鍋に缶詰のシロップ、バニラスティック、グラニュー糖を入れ、沸騰させてから弱火にし、洋梨を入れる。
8 紙蓋をして少し煮て、火を止める。そのまま冷ましておく。

クリームを作り、仕上げる

9 洋梨風味のシロップの材料を合わせておく。
10 作っておいたカスタードクリームをヘラで混ぜ、やわらかく戻す。9のシロップを少しずつ加え混ぜて、なめらかな状態のクリームを作る。
11 ココット型に、ビスキュイ・ダマンドの生地を入れ、生地用のシロップを軽く塗る。
12 大きめの口金をつけた絞り袋に10のクリームを入れ、型に3分の1くらいの深さまで絞り入れる。
13 洋梨のコンポートを2～3cmにカットして、型に3～4個入れる。
14 クリームを少量絞り、残りのビスキュイの生地をのせ、シロップを塗る。さらにクリームを絞る。
15 表面を平らにし、グラニュー糖小さじ1杯分を均一にふって、熱したコテで表面を焼き固める。再びグラニュー糖を表面にふり、コテでキャラメリゼする。この作業を全部で3回繰り返す。

8

Gâteau Pyrénées

ガトー・ピレネー

〈オーボンヴュータン〉を開店して一～二年の頃だったと思います。

朝の決まった時間に、子ども靴を専門に作る靴職人のおじさんが、お茶を飲みに通って来てくれていた時期がありました。なんでも住まいは、田園調布のフランス菓子店〈レピドール〉の隣だと言っていました。

なぜ、毎日ここまで通って来てくれるのかと疑問でしたが、当時の店の状態は、菓子がまったく売れなくて、とにかく暇でしたから、時々、そのおじさんと世間話をするようになっていました。

もしかすると、職人の目線で僕を見ていたのかもしれません。

「この店ならではの、オリジナルな菓子を作ってみな」という意味を含ませるようなことを、会話の端々から感じ、なんだかけしかけられているような気がしていました。

ちょうどその頃、日本橋高島屋から、高島屋オリジナルの商品を、特別に何か作ってほしいと要望を受けていたのです。

そこで以前から気になっていた、ガトー・ピレネーという伝統菓子が頭をよぎりました。

菓子の原型を探しにピレネーの山奥へ

ガトー・ピレネーの正式な名前は、ガトー・ア・ラ・ブロッシユ。ドイツ菓子のバウムクーヘンとよく似ています。

フランスでの修業中、ピレネー地方の山奥、タルブの街までこの菓子の原型を見たくて、訪ねて行ったことがありました。一七八〇年代に出された古い菓子の本に、これを焼いている図版があって、興味をそそられていたものですから。そういえば僕が初めて働いた菓子店〈米津凮月堂〉での一年目は、毎日バウムクーヘンばかり焼いていました。だからってそこに関連性があったわけではないんですが。しかし、タルブの街中の菓子屋を探しまわってもガトー・ピレネーは見当たらない。道ゆく人に聞いても「知らない」と。

もう消滅してしまったのかと、がっかりするばかりです。足取りは重く、気持ちも沈んでしまって……とにかく少し休もうと、カフェに入りました。椅子に深く腰をおろして、注文をすませてから、店内をゆっくりと見渡しました。

「あれは、なんだろう?」レジの前に座るおばさんの隣に、高さ三〇センチほどの菓子が垂直に立っています。ガトー・ピレネー? まさしく探していた伝統菓子でした。うれしくてすぐに駆け寄りました。

「土産ものとして、今も焼いているおじさんがいるんだよ」

おばさんはその場で電話をかけてくれて、しばらくすると、そのガトー・ピレネーを焼いているというおじさんが店に現われました。

すると、町はずれの作業場まで僕を連れて行ってくれると言うのです。デコボコの山道をかなりの距離、走った感じでした。たどり着くと、「今日の仕事はもう終わったからね」と言いながら、農家の納屋のような作業場を見せてくれました。

聞けば、明け方の三時頃から焼きはじめ、朝の八時にはその日の分を焼き上げてしまうのだと。せっかくここまでたどり着いたので、作業している様子をぜひ見せてほしいと頼みました。人のよさそうなおじさんは、予想外に「ダメだ!」の一点張り。諦めざるを得ませんでした。それでも隣がオーベルジュだったので、その晩はそこへ泊まることに。翌朝、こっそりとその様子をのぞき見しようと思ったからです。

翌朝、夜も明けぬうちからおじさんは、薪をくべた暖炉でひとり、芯棒の串を回しながら生地をかけて焼いていました。薪で焼くので、気温が上がらない涼しいうちに作業を終えるための時間帯だったわけです。

ガトー・ア・ラ・ブロッシュとは「焼き串に刺した菓子」という意味で、形態ではなく製法からつけられた菓子名です。薪だと火の当たりにムラがあるため、表面はデコボコとして、なんとも言えない表情をかもし出す。切れば年輪のような断面が現われ、バウムクーヘンをほうふつとさせます。

よく、うちが本家だ、うちは元祖だなんて聞きますが、このふたつの菓子は元祖が同じだと思います。つまり、どちらも環境的要素から自然に生まれた菓子でしょう。

郷土菓子、郷土料理と呼ばれるものは、そこの風土にある素材を使って、おいしく作り上げるための知恵と工夫が込められたもので、どこにでも似たような食べ物があるのは当然のことです。そんな思い出がある菓子なので、おじさんから得たヒントを基に具現化するにはいい機会だと、ガトー・ピレネー作りに取り組んだわけです。

ユルバン・デュボワのルセットを再現

ガトー・ピレネーを再現しようと思い立ったはいいけれど、これがなかなか大変で、完成に至るまでに、いくつものルセットを考えなければなりませんでした。粉を主体にする菓子は、試作する回数がおのずと多くなるものですが、これはダントツでした。二〇以上は作ったと思いますよ。

菓子作りに迷った時は、関係する文献をできるだけたくさん読んで、自分なりに研究をします。最終的に、一九世紀の料理人だったユルバン・デュボワ[*10]のルセットをそのまま使うことで落ち着きました。デュボアは、菓子作りに初めて正しい分量と割合を導入したと言われている人です。

驚きです、一〇〇年以上も昔のルセットが、そのまま使えるのですから。先人たちの残した著作には、どんな最先端の本にもまさる価値があるという思いは、この出来事をきっかけに、いっそう深まりました。

味わい的には、もっとおいしいものを作ることはできるんです。ただ、形にならなかった。僕はこのデュボワのルセットに、オレンジの皮のコンフィを付け加えて作ります。食べたときに香りがふっと鼻を抜け、旨いなあと思ったから。

試作中、ピレネー山脈の山の頂上がすぐそこに見えているのに、なかなか頂点までたどり着けない、そんなもどかしさがありました。だから、難行しながらもルセットが完成した時の喜びは大きくて、いまだに大好きな菓子のひとつです。まったく飽きない。

僕が思うに、職人って、ひとつの菓子が「わー、おいしそうにできた!」という満足感がちょっとあれば、それが認められるかどうかは別として、自分が思った〝おいしさ〟の形が具現できた時の心の膨らみは、強いものがあると思うんです。

すると、ここに来るまでの辛い経験、嫌な思いはとたんに全部消えちゃう。僕らは、その積み重ねで生きているんです。技術にしろ、知識にしろ、職人はそれでいいんじゃないのと思っています。旨いものができた時ほど、僕の心は豊かに広がっていきます。

お客さんにもそんな思いが通じているかのように、これは年中、人気がありますね。ところが一日四〜五本の予約限定なので、クリスマスなどの時期は、一〜二カ月先まで予約でうまってしまう。お客さんの期待に応えようと、いつもより多く焼いているのですが、簡単に量産できる菓子ではないんです。

なぜかって、ガトー・ピレネーは、一本焼き上げるのに二時間以上かかってしまう。ドイツから取り寄せた専用の電気釜で焼くわけですが、火のそばの一角は夏なら八〇度くらいになります。顔からも汗が吹き出て、熱さに耐えながら生地を流しかけ、層を作るように焼いていく。その間つきっきりだから、大変ではあるんです。ほかにもやるべき仕事はたくさんあって、これだけにかかりきりにはなれないので、焼く本数が限られてしまうのです。

これは担当を決め、一年交替で焼いています。

このガトー・ピレネーが一人で焼けるようになるまでの道のりが、実は大変なんですよ。「うちの仕事」を理解していない人には、絶対、焼かせられませんから。どんな味にして、どんな表現にして、僕が何を望んでいるのか、それがわかっていない人には、とても任せられないんです。

できる人の仕事ぶりを盗め

どこの菓子屋にも、そつなく、きれいに仕事をこなしていく職人が一人や二人必ずいるものです。手先の器用さで、いかにも菓子屋っぽく仕上げてしまうような。

実のところ僕は、それがあまり好きではないのです。僕は、菓子を小ぎれいにまとめられる上手さは持ち合わせていません。どちらかといえばぶきっちょで、苦労することのほうが多かった人間です。

でも、ひとつのきっかけで「ああ、こうすればいいんだ」と、技を習得することはできました。そのきっかけを作るためには、自分の思いきりが必要です。自分に自信がないと、その思いきりは、怖くて出せない。いい店には仕事のできる人が必ずいるもので、その人がみんなを引っ張っていきます。その人の仕事ぶりをそばで見て、この程度でいいんだ！　と見える瞬間がやってくる。

「できるやつがこれくらいの仕事なら、俺のやっていることは全然問題ないじゃないか！」

そのときが自信をつけるチャンスです。つまり、自分に暗示をかける。低いレベルでグジグジ悩んでいるだけでは、いつかは嫌になって終わってしまいます。そこに打ち克つための言葉やアクションを自分で探し、トップと同化するための努力が必要です。

その状態になれないと、見えてこないものがある。いつも後ろにいるようでは、自分が表現できずに損をし、いい方向には決して伸びてはいきません。心の中の自信を、自分でつけてやるのも大事なことです。

僕は毎朝七時半頃、厨房に入ります。作業開始の定刻は七時ですが、早い人は四時、五時に来て始めます。すごいでしょ。でも、一生懸命やっているから仕事熱心だと、ほめる気持ちなんてさらさらないです。むしろその逆、否定します。

朝っぱらから一人でコソコソ働いていても、いいことなんかありっこないもの。自分が担当する作業が間に合わなくて、みんなに迷惑をかけるから、早く来て働く気持ちはわかるけれど、そんなやり方をしていたら、仕事なんていつまでも覚えられません。三〇分前に厨房に入るくらいの、ゆとりを持つくらいでいい。

基本的に、製造する人は八時間労働で、一五時三〇分が定時の終了時刻です。これは一般社会での常識の時間です。でも実際の日本の菓子屋では、これほど労働時間が長い職場はないかもしれない、ということが起こっています。もちろん店によってですが。

「前の店では、毎晩一〇時まで仕事をしていました」面接をしていて、若い子が当然のように口にします。はたしてこれがいい仕事と言えるのか？　いつもそれをやっているから、ただ習慣がついてしまっているだけじゃないのか？

僕からすれば、菓子屋がなぜそんなに長時間働かなければならないのか、わからないです。儲けるためなの？　じゃあ、その儲けた分のお金はスタッフにも当然、恩恵があるんだよね…と思うけれども、それはほかの店のことだから、わかりません。

「菓子屋だから、これがカッコイイなんて思ったら、それは思い違いだよ」って、その子に言いました。うちの店では、クリスマスやバレンタインデーなどのシーズンともなれば、多少の残業もしますが、仕事を延々と続けることはしません。僕は嫌いです。

いいえ、嫌い以上に、八時間を集中してやったら、かなり疲れますよ。集中力がそんなにずっと続くわけがないもの。もちろん、仕事中の緩急はあっていいですよ。

仕事は決められた時間内に、決められた量をこなして終わらせることが基本だと思っています。これはフランスでの修業中にたたき込まれたことで、フランス人は残業なんか絶対にしません。時間内に仕事を終えることができないのは、むしろ仕事の仕方に問題がある、という考えです。

冷凍の技術が進化して、昔と比べると仕事の生産性もあがりました。合理的に仕事も進められる。理にかなった方法で進化する技術をを取り入れていかなければいけないと思っています。誤解をしないでほしいのは、手を抜けといっているわけではありません。

僕の店の規模では、いっぺんに大量生産をするわけではありませんから、冷凍などに頼らないと、とても仕事が回りません。

厨房で作業をするのは一五人。しかし、実際に中心となって菓子作りをしているのは六〜七人でしょう。あとはそれを支える作業となります。粉の分量を量ったり、器具を揃えたり、使ったものを洗ったり。誰でもできそうな簡単なことのように思われるかもしれませんが、この作業を支える人がいないと、仕事は効率よくまわりません。

縁の下の力持ち的な重要なポジションで、ここをきっちり確実にこなせるようにならないと上には行けない。ここから上がるために、どうやってはい上がっていくかが、その人にとっての勝負です。

それと、緊張感のない仕事をしていたら、おいしいものはできっこないです。菓子作りは、手が早いほうが絶対においしいんです。ダラダラしていたら、旨いものなんか作れません。

料理にも同じことが言えると思いますが、その時のちょうどいいタイミング、ストライクゾーンを逃してしまったらどうなりますか？　五分でできることを、一〇分かけて作業をしたら、クリームはへたって、おいしさからどんどん遠ざかっていく。手早く処理をして、冷凍庫なり冷蔵庫なりに早く入れるのがいいです。

日本人はフランス人と比べれば、手先が器用で、仕事が丁寧です。だけど、手が遅い。まじめにやっていますが、そのまじめさだけでは、僕は認めません。時間をかければ、きれいな見た目の菓子になるかもしれない。けれど、味は比例するものではない。断っておくと、手が早いだけでもダメです。荒れた仕事をしたら、商品にならない。「見当違いはするなよ」って言います。

菓子屋として商売をするなら、一個あたりの単価は安いですから、数多くのものを作る必要がある。それには段どりと手際のよさで、次から次へと手作業で菓子を仕上げていかなければならないのですから。最初は手が遅くても、本人の努力しだいで、どんどん上達していくものです。

だって、この僕が不器用な人間でしたから。それを克服しよう、負けたくない、という意地が強かったから、超えられたんだと思う。そんなのは本人の自覚ひとつです。すべてそうです。そういうものなんです、仕事は。

時間が醸成する「独創性」

僕は、自分は職人だと思っているけれど、経営者でもあるんです。

えらそうなことを言いますが、お金を払ってみんなに働いてもらっているから、それに見合う働きをしてほしい。だから上達するために仕事が終わってから練習するのは、全然かまわないです。といっても菓子職人を育成するために、ボランティアをやっているわけではありません。ちゃんと働いた労働に対して賃金を払う、これは常識でしょ。

人に教えてもらう気持ちでいたら、仕事なんて上達しない。

「バカヤロー！　こっちから教えてやるか！」

わからないことは、自分から聞いてくるくらいでないと。聞かれたことに対しては、どんどんアドバイス的な話をしますよ。そこに壁なんか作らない。

無責任のように思われるでしょうが、僕には人を育てるという概念はありません。

「とにかく、仕事をしろ！」

その悔しさは、すべて仕事にぶつけていけと思いますね。今やらなかったら、いつやるの？そのときの一〜二年は恨むかもしれませんが、一〇年後もこの職業を続けていたら、その一〇年後に、僕の発した言葉の意味がわかる時がくるんじゃないかな。

親にも「バカヤロ！」なんて言われずに育ってきたわけですから、僕なんかに大声で言われて最初はびっくりするでしょう。戸惑うだろうしね。

うちの店の仕事は、緊迫感があると思いますよ。メディアで活躍するパティシエを見て、「憧れのパティシエになる」なんて、甘い想像を抱いて入ってきたら、大変な思いをすることになる。

なかには、店で働き始めてすぐに彼らの真似をしようとする人もいます。でも、基本をしっかりマスターすることが一番の力の源になります。うちの店で働き、一人前になるまでには、七年はかかります。この七年の歳月は、長いのか、短いのかはわかりませんが、ここまで到達して、初めて独創性というのは生まれてくるものです。そこを勘違いして、斬新なことばかりを追い求めていたら、いつか足をすくわれる。

壁にぶつかった時、その壁を突破する力を養わないといけないんだよ。それは今なんだよ。最終的には、自分を主張する菓子が作れるようになってもらわないと困るんです。うちの店を出た人間は次の店、次の店と、ほかのものを培養して成長していくはずです。その中に、いくつかは僕の思いがあるかもしれないし、ないかもしれない。そんなのはどっちでもいい。

俺だったらこう作ろう、こうしたほうが絶対おいしいと思うわけで、それがないと作り手の面白さってないよね。昔みたいなのれん分けで、こういう菓子を作れとか、そんな決まりはひとつもないです。「河田勝彦の弟子」なんて、僕は言われたくもない。この店を出たら、お互い対等な立場で、競争相手です。対抗馬なんです。

僕は店を巣立っていった職人たちと、何年か後に、もっと立派になったら、互いの意見を言い合いながら菓子談議をするのが一番の楽しみなんです。

このジェノワーズ（スポンジ生地の一種）は、泡の立て方をこうすると違う食感になるとか、俺はこうやって作って、この焼き加減に仕上げるのが好きだとか。もう、そこは作り手の好きずきの話です。

彼らがやっている仕事に対して、僕は否定も肯定もしません。俺はこうするという主張があって作っているなら、喜ぶべきことです。このほうがウケがいいから、売れるからという理由だけで、菓子を作っているのなら悲しい……。

あいつららしい表現をしてくれるのがうれしいだけのことです。

*10 **ユルバン・デュボワ**　一八一八〜一九〇一年 アントナン・カレームの後継者。デュボアの功績はロシア式サービスを広めたこと。現代フランス料理・菓子を形成していく流れの中で欠かせない重要人物。

ガトー・ピレネーを作る

ピレネー地方の山奥で作られていた祝いの菓子です。残念ながら、本場フランスでもその姿は消えつつあります。毎年七月にはガトー・ピレネーのお祭りが地元であって、そこでは長さ七〜八メートルものガトー・ピレネーが焼かれます。それはものすごい迫力で。薪で焼くので、もみの木を思わせるような荒々しい形ができ上がり、かっこいいですよ。でも、その見た目とは裏腹に、味はあまりよくないんですよ。なぜかって、生地の扱い方に原因があるから……。

高さ六〇センチものガトー・ピレネーを一本焼くには、一キロ以上の粉、約三五個の卵、約一キロのバターを使います。だから厨房にある一番大きな直径六五センチのボウルで混ぜ合わせます。

最初は泡立て器で卵黄と砂糖をすり混ぜますが、粉を入れてからは手のひらを使って、直接混ぜていく。指を横にぴったりとつけてヘラ代わりのようにして。なんといっても手にまさる道具はありません。生地が手に触れる感触で、混ざり具合がわかります。

ほかに生地の混ざり具合を判断するには、ツヤです。これはどんな生地でも同じ。生地にツヤが出てくると、材料が均一に混ざったという一番の目安になります。

生地の一回目を焼いていきましょう。

生地の一部を、焼く機械に付属するバットに取って、少し生地が温まったところで、芯木となる串にかけていきます。なぜこうするかって、串に絡みやすくなるからで、二回目からは、下にたれ落ちた生地をかけていきます。

この落ちた生地を使うことが、とても大事で、ボウルの中の生地をかけるだけだと、ふわ〜んとした状態で焼き上がってしまいます。一度たれたものは、粉の力が加わって密度が濃くなっているから、このふたつを組み合わせることで、ちょうどよい具合の食感になるはずです。

以前、バスク地方でガトー・ピレネーを食べたのですが、それが意外にもまずかったのは、生地の状態のせいなんです。

生地の状態がよくなかったから、食べてもコリコリで、珍しくまずかった！ああいう菓子の類では珍しいことです。実はちょっとがっかりしました。そういう僕も、最初は試行錯誤でまずいものばかりを作っていたから、この段階まで生地を改良するのは大変だったんですがね。

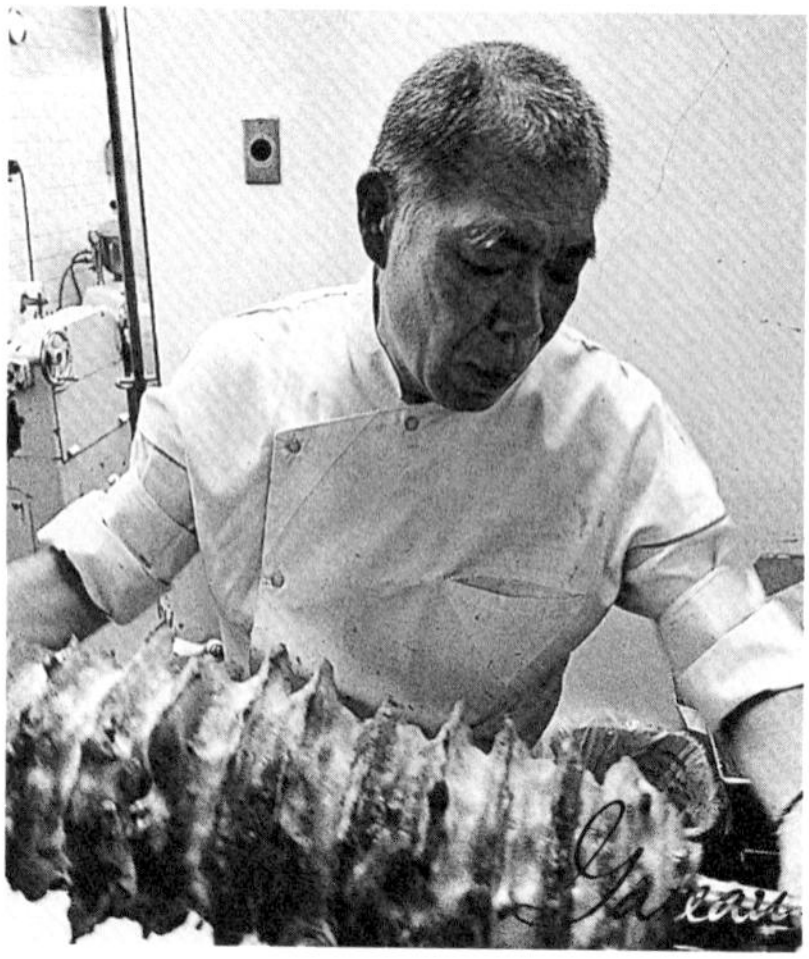

Gâteau Pyrénées
ガトー・ピレネー

材料(高さ60cmのもの1台分)

卵黄　580g
グラニュー糖　1162g
オレンジの皮のコンフィ　176g
溶かしバター　1056g
強力粉、薄力粉　各528g
ベーキングパウダー　11g
卵白　757g
塩　28g
グラス・ア・ロ(作り方p209)　適量

作り方

生地を作る

1 卵黄、グラニュー糖をボウルに入れ、泡立て器で白っぽくなるまですり混ぜる。
2 みじん切りにしたオレンジの皮のコンフィを混ぜる。
3 溶かしバター、強力粉、薄力粉、ベーキングパウダーを加え、手で生地をすくうようにして混ぜる。
4 別のボウルに卵白、塩を入れてしっかりと泡立てておく。
5 3のボウルに、4の泡立てた卵白を2-3回に分けて加え、混ぜていく。
全部の卵白を入れ終わって生地にツヤが出てきたら、全体が混ざった状態。

焼く

6 串となる芯木に、アルミホイルを巻く。バウムクーヘン用の窯に串をセットする。ボウルの中の生地の一部を、窯についているバットに入れておく。
7 バットに入れて温まった生地を串にかけていく。1回目は串に絡みにくいので数回かけながら、生地が少し乾いて下に落ちなくなったら、火の傍に寄せて焼き色がつくまで回転させながら焼いていく。
2回目の生地をかける。バットにたまっている生地、ボウルの生地を適当に合わせて串にかける。串から生地がたれなくなったら、火の傍に寄せて焼き色がつくまで焼く。これを繰り返しながら、生地がなくなるまで焼いていく。14 ～ 15層が目安。焼き上がるまでに2時間以上を要する。
8 焼き上げたら、そのままひと晩おいて冷ます。翌日、グラス・ア・ロを全体に塗って乾かす。

[グラス・ア・ロの作り方]

フォンダン(適量)を、ボーメ30℃のシロップ(適量)でのばす。鍋に入れ、32 ～ 35℃でゆっくり煮溶かす。

9

Gaufre

ゴーフル

店が安定するまでの一〇年間は大変でした。

お菓子がまったく売れず四苦八苦だったり、売る菓子がないほど売れてしまって、無茶苦茶忙しかったり、いい勉強になりました。

そこで思ったのは、お客さんが定着し、店の信用もこれだけになれば、僕なりの方法論を「強く打ち出していこう」ということ。そういう自信はつきましたよね。といってもその方法論が、いくつもあるわけではないですよ。フランスで教わってきたことしか、僕にはできないのですから。

営業の数字が安定してきたということは、リピーターとして菓子を買いに来てくれているお客さんが、それなりにいる、という事実ですよね。

なんだかんだ言っても、菓子屋は売れないとダメなわけです。

世間の評価がよくても、売れないことには、商売としては成り立ちませんから。

ゴーフル事件

そんなリピーターの存在を、確かに意識できた頃、出版社から本を作らせてくださいという話が舞い込みました。フランスの伝統的な菓子で一冊の本を構成したいという希望に、それならと、快くその誘いを引き受けることにしたんです。六〇ほどの菓子の写真とルセット、その菓子にまつわる話などを盛り込むことになり、撮影はスタートしました。

店の仕事を終えてから取りかかるので、一日四～五点の撮影がやっと。当時は店の定休日を設けていなかったので、半年以上もかかって大変だったことを覚えています。そうやってでき上がった初めての本は、やっぱりうれしかった。

僕にとっては、どれも思い入れのある菓子ばかりであったし、その後の読者からの反響も大きかった。いまだにお客さんから、その『フランス伝統菓子』の本のことを言われることもあるくらいですから。

ところが本を出版した直後に、想定外の出来事が起こりました。

紹介した菓子についての、ある菓子屋からのクレームでした。「ゴーフルという名前を使うな」と。その菓子屋を、ここではAと呼ぶことにします。

理由としては、ゴーフルという商品名は、昭和七年に特許申請をして、許可を得ているから、わが社以外に使ってはならない。したがってゴーフルではなく、複数形である〝ゴーフリエ〟または別の名称に変更をしなさい。また、この本はすべて回収し、訂正のうえで出版をしなさい、と。

内容証明のコピーが添付され、速達の封書で店へと送られてきました。寝耳に水。フランスではゴーフルと呼ばれ、中世の頃から庶民に食べられている菓子なんですから。まんじゅうを、まんじゅうと呼ぶな、と言われているようなものです。

そんなバカげた話はない、裁判で争おうと思いました。しかし、そのためには莫大な時間と、お金が費やされる。そうしたら菓子を作るどころの毎日ではないでしょう。それは困ります。

でも、このままでは、しゃくにさわる。そこで持っていたフランスの料理百科事典『ラルース』、ファーブル、アレクサンドル・デュマなどの本にあるゴーフルについての記述を、片っ端から日本語に翻訳しました。そして、その翻訳したものをフランス大使館に持参し、誤りがないかどうかを確認してもらい、証明の印まで押してもらいました。

で、それをAに送り届けました。僕の言い分も添えて。

「大衆の菓子をひとつの法律で縛って、発展があるかどうか考えてほしい」

だって、うちの店の規模です。もし、これが大手のメーカーであれば、問題が起きたのかもしれませんが、小さな一軒の菓子屋が、ゴーフルと名前をつけて売っているだけのことですよ。僕は純粋にフランスの郷土菓子を、菓子好きの人たちに食べてもらいたい、と思って作っているだけで、そこにはゴーフルを看板商品とするAの営業妨害をしようなんていう意識は、これっぽっちもないのですから。

ゴーフルの定義とは、「蜂の巣状に焼く」です。

そのAのゴーフルは、蜂の巣状はおろか、表面がツルンとしてAの社名が菓子に入っている。いわばゴーフルという名前を勝手に使って、商売をしているだけではないか……。たしかに特許を取っているので、法に触れるのはうちの店ではあるけれども。

ただそれは昭和七年の話で、その頃の日本はヨーロッパに対して特別なものの見方をしていました。ハイカラなんて呼ばれていた時代です。それを特許という、ひとつの法律で縛るなんて……。その後、相手側と出版社で話し合いがつき、ことなきを得たのですが。

ゴーフルは、当時とずっと同じスタイルで、今も店で売り続けています。

一時期は〝タンピー〟と、商品札の名前を変えたこともありました。意味は「残念だなあ」「しょうがねえなあ」といったニュアンスですかね。フランス語を知っている人なら、不思議なネーミングに思うはずですよ。僕にしかわからない胸の内を、ここに込めていたわけです。

ゴーフルはベルギーとの国境沿いに位置するフランドル地方の伝統菓子ですが、オランダやベルギーでも作られていた、歴史的に古い菓子です。

店で使っているゴーフルベーカーは、北フランスのリールの街で直接、型屋さんから購入してきたものです。職人が作った丁寧な仕事が施されています。剛健で、手にずっしりとした重さがあって、あと一〇〇年はゆうに使えるんじゃないかな。年を経ても、全然古くもならない、ほんものです。

うちのゴーフルは、楕円形です。四角いそのゴーフルベーカーに生地を流して薄く焼き、熱いうちに楕円形に抜く。四隅の余った生地、四割くらいはロスになるでしょうね。でもロスになっても楕円形は現地にならった形なので、それを変えようと思ったことはない。ビスキュイやジェノワーズなどの生地で余りが出た分は、捨てずにひとつの保存容器に集めて、酒やシロップを加えて別の菓子のパーツとして、うちでは利用しています。

残念ながらゴーフルの生地はここに入れることもできなくて、もったいないけれども捨てています。こんなふうに残った生地まで利用するのは、当時のフランスから学んだことです。果物の残った皮を捨てようとしたら、「捨てるな!」とシェフから怒鳴られ、「え! これをまだ使うのか」って驚きました。

あの頃のフランスでは、材料を無駄にすることなど一切なくて、上手に何かに利用していました。その知恵に感心した僕は、いまだに生地の一ミリだって捨てずに、使えるものはなんだって使います。

けれどもそのフランスは、ガラリと変わりました。材料よりも労働時間の短縮で、時間内にどれだけの仕事量をこなすかに重点をおくから、効率の悪い仕事はどんどん切り捨てられている。僕らがあたりまえにやっていた手仕事も、今はほとんど残っていないのが現状でしょう。それが、今の菓子をつまらなくしている原因のひとつです。以前、とてもよく働くフランス人が、三カ月間だけうちの店に修業に入った時、果肉がまだ残っているような果物でも、彼は当然のようにポイッと捨ててしまうから驚きました。

「フランスではそれは捨てるものかもしれないけれど、うちみたいな店では、別に処理をして使うから、皮も無駄にするな」と言ったら、彼はびっくりして。あの頃と、立場が逆。そうか、フランスもそんな時代じゃないのかと、寂しさを実感させられた出来事でした。

対等な関係で最善尽くしたい

僕は菓子屋として商売をしていますが、実は商売が嫌いです。矛盾していますが。自分の作りたい菓子を作って、人に食べてもらいたいという気持ちだけです。その手段として商売をしているだけで、一番苦手なのは、お金のやりとり。

用があれば売り場にも顔を出しますが、僕は店にはほとんど立ちません。お客さんから「俺はここでお金をもらうのか」って、そんな気持ちにもなるから。これが物々交換の時代だったら、どんなに気が楽かなとも思いますが。

だけど仕事をしている人間には「お金をとれる仕事をしなくちゃダメだめだよ」って言っています。利益が出ない仕事では、何のための仕事かがわからないから。人間の評価はお金になる。これは、どうしようもないことです。

厨房は戦いの場です。どうやったらおいしいものができるのかを考えながら作り、それを人に食べてもらう。その次はお金をもらう。そうしたらもっと責任をもって仕事をしなさいって、店のスタッフには言っています。

僕らのようにものを作る人間は、言葉で言ったことを形づくれる。これは幸せな職業だなって思います。

お客さんが知らない店に入るのは、勇気のいることですよね。僕だって、初めて入る店では緊張する。ラーメン屋だって、レストランだって、どちらも同じくらいに緊張する。だからうちの店へとお客さんが、わざわざ来てくれるうれしさがあります。

ただ、その次はお客さんとの勝負です。気持ちのうえでは、負けないぞって思う。僕はむやみに愛嬌をふりまくことはしません。かといって怒っているわけでもなく、ただ普通にしている。お客さんと僕の立場は、いつでも五〇対五〇だと思っています。

菓子の材料屋さんであっても五〇対五〇で、対等な立場でないとイヤです。義理があるからと言ったら、菓子作りは負けです。たとえお客さんから「甘い」「乾いている」「(香辛料が)くさい」などと言われても、「これがうちの菓子です」と言うしかないです。「この菓子の主旨はこうで、こう表現したいから、こうしています」って説明をしますよ。

また、「ケーキが小さくなりましたね」とか、「クリームの絞りが少なくなった」「ミルフィーユが細くなった」などと言われたこともありますが、開店以来、ずっと同じままで作っています。

金銭のやりとりが絡む商売をするようになって、「お客さんのすべてが神様ではない」、この言い難い現実を知らされました。いろいろな人がいるんだって。失礼な言い方ですが「俺は、お客にふり回されないよ」と思ってます。いやなら帰ってくださいね。お客さんが色々言われるのは、お金を出して買うわけだから、当然の権利ですし。

今の時代は、インターネットの掲示板に、匿名でいろいろなことが書き込まれるでしょ。うちの店も批判的なことを書かれたことがあります。愛想がないだとか。

僕はね、自分の意見はちゃんと名前を出して言うべきだと思います。人によって物事のとらえ方、感じ方がいろいろあると思うから、言ってもらった意見は、もちろん真摯に受け止めるつもりです。柔軟な気持ちで。

あたりまえのことですが、サービス業である食べ物屋は、人が見ていないところで何をどれぐらいやれているかが、一番大事だと思います。

一生懸命、お客さんに頭を下げて、送り迎えをドアの前でやって、でも、食べるものがまずかったら、そんなことはまるで意味がない。食べ物屋のサービスは、食べておいしいことが一番。安心・安全、衛生面、そんなことはあたりまえなんですから。

おいしいものを作っていれば、お客さんは来てくれると、僕は信じている。

菓子屋はチームプレイだ

菓子屋ってね、野球やサッカーのような、ひとつのチームを担った団体だと思うんです。シェフは監督的な役割で、おいしい菓子を作り出す力は、監督の手腕と采配にかかっている、そんな気がします。

なぜこんなことを言うかって、実は子どもの頃、なりたかったのがプロ野球の選手でした。昔も今も阪神ファン。遊びといえば、もっぱら草野球ばかりやっていましたから。

高校の時は「浦和タイガース」というチームを作って、高松宮杯とか、地元の大会によく出場していました。熱心な高校球児としてやっていたわけではなくて、個人でチームを結成してね。というのも、親が高望みしすぎて高校受験に失敗し、それで仕方なく入ったのが商業高校でした。当時は、都内の三Kバカ高校と言われるくらいのレベルの低さで（今は野球で強くなって変わりましたが）、勉強をしない僕が一番をとれたくらいですから。

高校に入った頃から、将来は食の関係に進もうと考えていたので、学校の授業は受けず、浦和の図書館に行って、一人で勉強をしていました。

それでも朝、出欠をとるから、とりあえず学校に行くわけです。どこにも行き場所がない不良がいっぱいいるような学校だったので、先生も腕っ節の強さが自慢みたいな人ばかり。そんな先生と出くわして捕まると大変でした。殴られるから。五メートルくらい軽くぶっ飛ばされる。在学中、僕はどれくらい殴られたことか。必死で塀をよじ登り、逃げるように学校をあとにしました。

卒業式が大学の受験日と重なって父親が代理で出てくれたんですが、「もうあんな学校に二度と行くな！」と息巻いて帰って来たくらいで。だから部活動なんかにも参加したことがなくて、学校の外で遊んでいました。

野球大会は、自分たちでエントリーをしました。よそのチームは市役所だとか、県庁だとかのチームばかりで、ビールや缶ジュースの差し入れがわんさと届く。僕らは学生で金もないし、差し入れなんかどこからも届かない。そこで唯一の楽しみとなるのが、そんなえらそうな大人チームをやっつけることでした。

浦和市営球場のアナウンスで「四番、キャッチャー、河田君」と放送されるのが、もう最大の楽しみで、自前のユニホームを着てマウンドに立ち、かっ飛ばす。貴重な晴れ舞台でしたよ。

僕のポジションは、昔からキャッチャーで、みんなに指示を出す役回りをしていました。そのときからの延長で、いまだに店で指示を飛ばしていますね。体力は昔と比べれば、もちろん落ちていますよ。しかし、みんなを叱咤するのは、昔から変わりがないです。僕は常に「今が勝負！」だと思っているから、誰にでもうるさく言っちゃう。

菓子の仕上げを僕が最後に行うわけですが、意にそぐわない菓子が、中にひとつ、ふたつある。味見をしなくても、菓子を見れば、どんな作業を行っているか見当がつきます。僕くらいの経験があれば、わかりますよ。

「今日のマカロン、やわらかいぞ。材料の割合は大丈夫か？」

卵白が少し多いと思い、作った人に聞きました。こういう微妙なものは、ほんのわずか二グラム違っただけで、生地の食感に大きく影響しますから。

「いや、ちゃんと量りました」

もっと正確に量れよ！　ここで言い訳なんかするなよ、意味がないだろう！

失敗しようとして失敗したわけじゃないことは、わかっています。失敗をしようと思って失敗する人なんていないです。その意図の流れの中で、意味がわからないでやっているから失敗するんです。だから腹がたつ。プロの仕事じゃないよ、それは。

菓子屋はプロ意識にやや欠けることが多いんじゃないかなと、僕は日頃思っています。仕事はマンネリ化でやってしまっている部分が多く、緊張感に欠けるというか。

それに比べれば和食の世界は、プロ意識が相当に高いと思いますよ。歴史があるし、日本の文化だし、制度や理論もしっかりしているから。洋菓子の歴史が一〇〇年近くたっていたとしても、菓子を突き詰めたかたちというのは、ここ二〇〜三〇年くらいのもので、まだまだだなって思います。菓子屋もそんなレベルに早く達してほしい。そうした思いに駆られて、店の中では厳しく言っちゃうんです。

いつもあたりまえにやっていることでも、やはり、上に立つ人は全体をよく見ていないといけません。これは、みんなを信頼していないとかではなくてね。現場をよく把握していないと、何か起こってからでは遅い。対処しきれないですから。

菓子屋は、ひとつのチームを組む団体だと言いましたが、一緒に働く複数の人間にどうやって、僕の菓子作りを伝達するのかが重要になってきます。クリームの泡の立て方ひとつとっても、菓子によって空気の含ませ方が変わります。些細なことでも、確実に伝達できていないとダメです。

僕一人で何もかもができるわけではないので、八〇パーセントはみんなに任せています。そこでどうやってチームをまとめるかは、監督であるシェフの手腕。

菓子屋は、個のレベルを上げなかったら、絶対最強のチームにはならない。一人一人の層を厚くしていかないと。日本みたいに、チームワークを尊重しすぎていたらダメです。時には上下関係を無視し、人と競わせることも僕はします。本気になれば、人は欲が出てくるはずなんです。欲が出れば、また次の欲が出てくる。

ちょっと話が飛びますが、元韓国サッカーチームの監督ヒディングを僕は尊敬しているんです。彼は二〇〇二年の日韓ワールドカップサッカーの時に、上下関係を無視してプレーをしろと、チームに言い放ちました。

自分よりも目上の人をたてることが絶対、という儒教の国の考えが根づく韓国で全員に命令した。それが見事に功を奏し、韓国チームが上位にまで食い込んでいったのは、ヒディングの采配によるものが絶対的に大きかったはずです。プロの仕事だなあ、すごいなあと、感動しました。

日本では、個の力を強く主張すると、嫌われます。協調性を重視する和の国ですから。フランスから帰って来たときに、日本でどういう生き方をしようかと思い悩んだのは、そこでした。結局、自分で店をやることを選び、シェフとなって働くことを選んだわけです。

うちの店では朝礼はないですよ。僕が好きになれないから。朝礼ってね、たとえば高校野球で球が来そうにもないのに、外野で一人「えーい！」と声を出しているみたいに思えるところがあって、見ていて嫌ですね。

フランスでも朝礼は、どこの店でもなかった。あるわけないです、フランスでは！　直接本人に指示を出します。僕もそう。

人のお店に行って講習を行うときに、「朝礼があるので出てください」と言われて、紹介された時がありましたが、こんなのくだらないなあと心の中では思っていました。それよりも、サッサッと仕事をしたほうが有意義な時間の使い方だと思っちゃうほうで……。

会議なんかも、実際にはあまり意味をなしていない時間じゃないですか。成果のない一時間を過ごすのなら、この時間を使って作業なり、掃除をしたほうがずっと有効だと思います。意思確認なんて、仕事中に直接でもできることだと思うから。

菓子作りに全力出しきれる規模守って…

うちの店は、もうすぐ創立三〇年です。商売的には熟年の安定したところにいると言っていいかもしれません。安定すると別のところに興味が行ってしまう人もいるけれど、僕はぶきっちょだからか、飽きもせず、いまだに菓子を作ることだけにずっと夢中になっていられます。曲がりなりにも利益が出ているので、次の展開を考えれば？　と人から言われます。つまり店舗を増やすとか、何かに投資するとか。でも僕はこの店で充分です。今だって全力投球の毎日なのですから、これ以上、広げたいなんて思いは、これっぽっちもないし、興味が向かない。

この一軒の店を運営していくには、六〇坪の厨房と、二〇人のスタッフが必要。で、次の店を造って、厨房の広さも人数も変わらずに、生産量を倍にするなんて、無理にきまっています。みんなも悲鳴を上げますよ。

過去の教訓から、もう無理をしてまで菓子を作るのは絶対にやめようと心に誓ったわけですから。自分たちのできる範囲内で、きっちりと作っていこうと。正規の労働時間で仕事をして、正規の労働に対してお金を払う。そして正規に申告をして、正規の税金を払う。これじゃないと店のスタッフにも、社会に対しても、言いたいことが言えなくなってしまうから、守るべきことは守ります。

僕は、会社が健全でなければ嫌です。健全でなければ、やりたいことができない。やりたいことができなかったら、何のために仕事をしているのか、わからないから、会社の利益は出そう。その出た利益で設備投資をし、もっとおいしいものを作ろう。これは、結果としてお客さんへのサービスにつながっていくことだから。

それと、菓子は、心も体も健全でなければ、おいしくは作れない。風邪をひいているときや、体の具合が優れないときは、無意識のうちに、知らず知らず手を抜いてしまっていることがあります。根気はなくなるし、集中力も弱くなる。味覚にだって影響する。だから普段から健康には気をつけていますよ。みんなにも、体調が悪いときは帰って休みなさい、と言っています。むしろ休んでくれたほうがいいんで。こんなことを言いながら、僕も最初の一〇年間は、ほぼ無休状態で働いていました。

それがある日の夕方、厨房へと下りる階段を踏み外し、肋骨を骨折したんです。みんなが帰宅した後で、ウンウンと一人でずっと唸っていた。大けがでした。そのけがをした時に妻がひと言「休めば」って。「そっか、休めばいいんだ」と、そこで初めて気づいた。

とにかく店を始めてからの一〇年間は、借金を返済することに追われ、無我夢中で走ってきたから、人が休んでいても、自分が休むことを忘れていたわけです。そのけがをきっかけに、毎週水曜日を定休日にすると、オンとオフの切り替えができるようになって。

ところがこんどは、妻が倒れました。家庭のこと、仕事のこと、さまざまな負担が彼女の肩にのしかかっていました。菓子を作る以外、店のすべてを任せっきりにしていた。どれだけ大変だったのかは、彼女が抜けた後に実感させられました。心の病はレントゲンには写らないから……僕が過信しすぎてしまった結果です。

また、その間には子どもの進路の問題など、すべてが重なって八方塞がりのような時期がありました。どうすればいいのかわからなくて、深く落ち込みました。

これは僕だけじゃなくて、どこの家庭でも、みんな似たようなことに遭遇する時期ってあると思いますよ。人は長く生きていれば、いろんなリスクがあります。でも、それと仕事は別だと思っているんですよ。その影響で、自分が小さくなるのは嫌です。だからって、僕の菓子作りがブレるということはないと思いますよ。

そんなことに直面しながら菓子を作るのは辛いけれど、菓子を作ることで、その辛さを忘れることができました。今は、店の定休日には山の家で過ごし、二人でスポーツなどをして体を動かしています。仕事のことはあえて考えず、気分転換を心がけて。休日を大事に過ごせば、仕事へのモチベーションは高くなるし、また、自分で自分をコントロールするくらいの趣味があれば、仕事にも熱中できますよ。

ゴーフルを作る

このゴーフルはサクサクとした食感と、香ばしいバターの風味、甘さにコクがあります。このシンプルな菓子を食べると、おいしいものは複雑ではないと、つくづく思います。作る工程も、材料を混ぜ、焼くだけという単純さですしね。

ゴーフルはフランドル地方の伝統菓子で、昔は、祝祭日に教会のミサが終わった後で、焼きたてのゴーフルを味わっていたといいます。

ゴーフルにはイーストを使う、ふっくらとしたベルギータイプのものもありますが、うちの店では薄く焼き上げます。

やはりこの菓子も、幾通りもの試作を繰り返し、材料の割合を出しました。焼きたての状態が長く持続するようにと、強力粉と薄力粉を半々の割合で使います。グルテンの力が強い強力粉だけだと、必要以上に生地がモッチリしてしまうので、その働きを抑えるために薄力粉を加えています。

日本の小麦粉は、フランスのものと比べると精製度がよすぎるので、僕はこのようにふたつの粉を組み合わせて使うことが多いんです。

このゴーフルを作るうえで絶対に守らなければいけないことは、砂糖大根から作られる赤砂糖〝ヴェルジョワーズ〟を使うことです。ねっとりとした甘さがあり、生地に加えることで、独特のコクが醸し出されます。

それとバターは、はしばみ色にまで焦がしたものを加えます。粉に加える時は、バターが熱すぎるとグルテンが出てしまうので、二五度くらいまで下げてください。混ぜ合わせるときも、グルテンが出ないようにさっくりと。だから、おおざっぱに混ぜればいいです。粘り気が出てしまうと、サクッとした食感が失われますから、ほどほどの混ぜ具合でいいです。

焼くときの注意は、余熱でゴーフルベーカーを充分に温めておくこと。生地の焼きむらを防いで、焼き色を安定させます。なにしろ店では、二〇〜三〇分前からガスの直火でよく焼き込んでおいてから、使い始めるくらいですからね。焼き方のコツは、何度か作業を繰り返すうちに、自分なりの方法論をつかむはずですから、まずはやってみることです。

Gaufre
ゴーフル

材料（縦11cmの楕円形30個分）

A
- 薄力粉　250g
- 赤砂糖　250g
- 塩　3g

牛乳　150g
全卵　3個
焦がしバター　250g
澄ましバター（ゴーフルベーカーに塗る）　適量

チョコレート・バタークリーム

イタリアン・メレンゲ（作り方／p232）　86g
無塩バター　86g
ブラックチョコレート（カカオ分53%）　63g
カカオマス　42g

作り方

ゴーフル生地を作る

1 ボウルにAを入れ、手で混ぜる。
2 牛乳を1に加え、ヘラでさっくりと混ぜる。
3 卵をほぐして2に加え、混ぜ合わせる。
4 温度を下げた焦がしバターを加えて混ぜ、細かい目のこし器で、こす。
5 澄ましバターを塗ったゴーフルベーカーを直火でよく熱したところに、4の生地を流し入れて蓋をする。1～2分たったら裏返す。1回目の生地は、器具の汚れを取るために焼く。2回目からが本番。テーブルスプーン1杯分の生地をのせて、蓋をする。焼き色の加減を見ながら、両面を焼く。
6 生地が焼けたらすぐにパレットですくって台に移す。熱いうちに、楕円形の抜き型で抜く。この作業を、繰り返しながら焼く。

チョコレート・バタークリームを作り、生地に絞る

7 イタリアン・メレンゲを作り、バターをちぎって加え、混ぜ合わせる。
8 35℃に溶かしたチョコレートとカカオマスを混ぜる。7を加えて泡立て器で混ぜる。
9 冷めた生地の中央に8のクリームを絞り、もう一枚の生地をのせて挟む。

[イタリアン・メレンゲの作り方』

鍋にグラニュー糖(200g)、水(67g)を入れて122℃でまで沸騰させたシロップを作る。卵白(100g)を泡立てて、シロップをボウルの端から少しずつ流し入れ、泡立てを続ける。泡が固まってツヤが出てきたらでき上がり。

10

Confiture

コンフィチュール

ジャム（コンフィチュール）作りは、菓子作りの基本です。手をかけて煮ることによって出てくる果物の香り、色、そして風味。これほど重要な仕事はないと思っているくらいに、僕はジャム作りを大切にしています。

フランスから帰国し、菓子の材料となるバター、生クリームなどの質の違いに落胆し、戸惑いましたが、対応するより手がないので、これで作りました。

でも、一番悩んだのは、その食材のもととなる果物です。日本のものは、味、香りが弱かったから。

フランスでは甘み、酸味、香りがあるから、僕はその果物のおいしさに喜んで、いろいろなジャムを作っていました。鍋ひとつでできるから、市場に並ぶ、その時々の季節のものを買ってきてね。

いちごだったら、そこにルバーブを合わせてみたり、バジルなどのハーブを組み合わせてみたりと、当時からそんなことをしていました。

ジャムは〝素材〟ありき

ジャムはフランス語で、コンフィチュールと言いますが、唯一、日本の食材でフランスに負けないくらいにおいしいと思うのは、マルメロです。

洋と和のものがあって、和のマルメロがおいしい。形はかりんに似ています。綿毛がついていて、りんごのような香りがほのかに漂ってくる。

医者で、占星術師だったノストラダムスは、『化粧品とジャム論』という本を残しています。彼が最初に作ったのはマルメロのジャムで、ハチミツを加えて作ったそうです。彼は医者の立場から、滋養にいいという観点でルセットを紹介しているのですが。

うちの店では、秋になると五〇キロくらい仕入れて、ピュレとジュースに分けて加工し、冷凍庫にしまいます。使う時に取り出し、煮なおして使う。ほかの果物（いちご、あんず、プルーン、いちじく）も味が最も充実する旬の時期に、一年分を加工しています。

マルメロはとても硬い果肉で、加工すると、ほ（粉）が吹いて、それはすごいです。この味はね、けっこうみんなに自慢するんです。ところがあげた人に「昔使っていたトイレの芳香剤の匂いに似ているから、嫌だ」って言われたこともあって……僕はその匂いを幸いにして知らないから、おいしいなあって食べていますけれども。

店でも売っていますよ、マルメロのジュレとして。透明感があって、なめらかで、美しい黄金色。ペクチンの働きが強いので、とろりとした濃度があります。パンにつけたり、チーズやパテ、生ハムにつけたりして楽しむといいと思いますが。


子どもの頃に食べた、昭和二〇年代の青りんごはおいしかったなあ、という記憶が残っています。果肉がしっかりと硬くて、すっぱくて。ちょっと甘めの大きなものは当時「インドりんご」と呼ばれ、これは苦手でした。

菓子に使う果物は、昔からなじみのある産地のものを取り寄せます。

りんごは、福島や長野、いろいろな産地のものがありますが、やっぱり食べて行き着くところは青森。桃だったら福島、いちごだったら栃木の女峰。

ある時、長野の農家の人からりんごが送られて来たんです。酸味もあるし、甘みもある。この味だったら、菓子にも使えるんじゃないかと、手紙がつけられていました。囓《かじ》ってみると、充分に味があるし、おいしかった。

ですが、僕にとっては、やっぱり青森産なんですよ。しっかりした酸味と甘さがないと魅力がない。青森産でなくとも、おいしいりんごのタルトは、そりゃあ、もちろんできますよ。でも、それでは嫌なんです。美しく、おいしくは仕上がるだろうけれど、そこは譲れない。

今は交配を繰り返して、りんごに限らず、いちごでも洋梨でも、いろいろな種類のものがありすぎて、なんだかよくわかりません。なぜ、原種のものを栽培してくれないのかな。

毎年、原種の木に実るあんずでジャムを作るんですが、これが旨いんです。香りがあって、すっぱいから、砂糖で煮ると見事に変身します。野性的なクセが、魅力的な味に変わるとでも言うのか。やはりクセがある素材ほど、作り手はどうしようかとワクワクするもんです。

フェルベールの〝ジャム〟に魅了され

ジャムはね、九〇パーセント素材ありきです。だから作る前に、果物を食べて味を確かめることから始めます。

いちごを例にあげると、よく熟したものでなければなりません。収穫後に熟したものではなく、収穫直前に熟したもの。もう触ると潰れそうな、潰れる一歩手前がいい。この状態だと、酸味と甘みのバランスが最高点に達しています。香りも一番強い。そしたらあとは、グラニュー糖を加えて煮るだけ。

最終的に、その果物の味をどれくらい引き出せるかが、カギです。

おいしいジャムを作ろうと思っても、ジャムの定義を守らなかったら意味がありません。その定義とは糖度。六五パーセントの糖度を守ること。長年かけて生み出されてきたおいしさを作り出すための基本となるものには合理性があります。今、このあたりまえのことを、どれだけの菓子屋がやっているんだろう……。

ジャム作りなんて……と軽視されそうですが、菓子を作るという作業の中で、これほど重要な仕事はないと思っているくらい、大切にしているジャンルです。うちの店では、このジャムを使ってプティ・フール・セックの詰めものにしたり、タルトを作ったりと、菓子の味を印象づける重要な素材の一部にもなっているからです。

地味なイメージだったジャム作りが、一躍脚光をあびるきっかけとなったのは、クリスティーヌ・フェルベールの作る〝コンフィチュール〟が世に出たことでしょうね。

彼女の作るジャムは、三ッ星レストランの一流シェフたちが大絶賛し、レストランには彼女のジャムを置いているんですから。

シェフらが、なぜ自分のジャムを作りたがらないのかが、とっても不思議でした。だから彼女のジャムについて、当初、僕は批判的な受け止め方をしていました。

彼女は菓子職人としてパリで修業し、生まれ育ったアルザス地方のニーデルモルシュヴィールという、人口三〇〇人足らずの村に自らの工房を構え、地元で収穫したての果物を日々、煮ています。

数年前、フランスに行った際に彼女を訪ね、厨房を見せてもらう機会がありました。厨房は広く、火のあたりがやわらかい銅鍋がいくつも用意され、彼女が手作業でひとつひとつを丁寧に行っている様子が伝わってきました。

実際に彼女の作ったフレッシュなジャムを食べさせてもらって、その意味がわかった。果物の個性をうまく引き出していたから。中には糖度が薄く感じる印象のものも、いくつかはあったけれど、それでもやはり、おいしいと思った。

彼女のジャムは、今や世界中で売られていますから、海外への出張も多いようです。感心したのは、彼女が工房を留守にするときは、店も閉めていくと語っていたことでした。店のスタッフを信用していないのではなくて、お客さんに対しての礼儀の気持ちからと言うので、サービスの基本だなあと思い、彼女を見なおしました。

いまだに彼女の厨房で食べたジャムの味を思い出します。果物の宝庫と言われるあのアルザスで採れたものを、すぐに煮込んで加工するわけですから、そりゃあ、旨いよ、かなわない。負けちゃう。

前に出すぎない〝甘さ〟の秘密

菓子屋には菓子屋の法律があって、僕には僕の法律があります。この法律に対立するものは、除外するより仕方がない。以前、耐震偽装の建築物を造っていた建築家がいましたよね。人をだまして商売するなんて、許されない行為です。菓子屋もね、ウソをついちゃダメです。毎日しっかり作らなきゃ。真っ当で「もっと、おいしい菓子を作ろうよ」「もっと、香りのある生地のお菓子を作ろうよ」って、僕は思います。

「これ、ウソだよ」っていう菓子がけっこうあります。僕はウソと表現するんだけれども、「こんな味になるわけないじゃん」っていうものが、けっこうあるんです。それは、ひとつひとつの基礎の仕事をしないで組み立てちゃうから。

すると、甘さのうちの、甘いのだけが、ギュンと出てくる。香りとか、味の深さが出てこない。要はそこで基礎工事ができていないから。果たして、それを作っている人が気づいているのか、そこが疑問ですが。

食べる人たちが甘くないものを望んでも、僕はその気持ちを汲みとって菓子を作ろうなんて思いは、さらさらないです。ひとつひとつの菓子作りの過程をしっかりやっていれば、どんなに糖分が多くても、甘さはあまり感じないものなんですよ。ここが職人の技術で、でも本当は、甘い。

でも甘ければ甘いほど、その素材の味が先に出てくるはずで、ジャムは、その最たるもののひとつ。酸味や香りのあるジャムを食べたら、それはたぶん甘さをあまり感じなくても、甘いはずですよ。

これはね、昔の人の知恵です。長年、ジャムなどの文献を参考にして試作してきた結果、僕もこの糖度（六五～七〇パーセント）が一番いいと思ったからです。

昔の人は科学的なことを理解してはいなかったでしょう。ところが、文献をもとに実際にこれを確かめていくと、科学の理にかなっている。その素晴らしい知恵を、ずっと前の世代から受け継いできているわけですから。それに我々が対抗しようとしても、どう考えても無理です。

ある時、若いパティシエたちが作った「ガトー・ヴォワイヤージュ」を食べる機会に恵まれました。いろいろな人が趣向を凝らして作ったものが一度に食べられることなんて、ありそうでない機会なので、僕は楽しみにしていたんです。

ガトー・ヴォワイヤージュとは、生菓子に比べて日持ちがし、デコレーションもほとんどされず、持ち運びがしやすいといった意味でヴォワイヤージュ（旅）という名称がつけられているわけです。日持ちがするといっても三～四日、なかにはもっと日持ちするものもあるでしょうが、早めに食べるのがベストでしょうね。

いろいろな人が趣向を凝らして作っていたのですが、生地の中に、フルーツを甘く煮たものを入れているものが多かった。でき上がったものを手にとって見た瞬間に、もっとしっかりとフルーツを煮るべきだと思いました。砂糖を加えてね。

煮方が浅いのでフルーツに含まれる水分が多く、その水分が浸透圧で生地の中に出てきてしまって、湿っぽくなっている。時間が経過するとともに水分は広がっていくでしょう。これでは日持ちはおろか、うっかりするとカビが生えてしまいますよ。

ふだんから、そこの仕事を大事にしていない現実が見えました。

今は食品の酸化を防止したり、風味の変化や変色を抑える脱酸素剤などがあるから、煮詰め方が少々あまくてもできちゃうわけですが、仕事の本質は、基礎をしっかり把握したうえでの応用だと思っています。正直に言うと、残念な気持ちにもなりました。甘さ控えめの風潮だから、現実はこうなのかと……。

甘さとは、控えるのではなく、隠すものなのに。

見た目がきれいなことは大切。しかし、見た目以上に味を出さなければならない。

時代が変わっても僕は、砂糖の糖分の甘さについてはうるさく言います。しつこいようですが。

手をかけて引き出されるおいしさ

ジャムは、僕が菓子作りをするための重要な素材の一部と言いましたが、ほかにもうちの店では、いろいろな素材を一から仕込んでいます。菓子屋の仕事って「よいものを、おいしく作る」、それが一番の使命なんじゃないかと思うから。そのために僕がどうしても妥協できないのは、素材作り[*11]なんです。本来の菓子作りって、原材料から作っていくことじゃないのかって思います。

うちの店の倉庫にあるのは、果物、粉、ナッツなどの原材料がほとんどです。これらを二次加工、三次加工、場合によっては四次、五次加工もする。手がかかるけれど、僕にとってこれは意味のあることなんです。

だって、旨いのは確実だから。非合理的ですが、それをしなかったら、うちでは菓子は成り立たないから、ちっとも苦ではないんです。

フランスで修業をしていた頃は、アーモンドやヘーゼルナッツを挽いて粉にしたり、プラリネやジャムを作ったりと、どの店も素材から仕込んで、いろいろなものを作っていました。六〇年代後半から七〇年代は、手作業があたりまえの時代でしたからね。いまだに僕はその感覚から抜け出せないでいるわけです。

今の若い人がフランスに行けば、僕らとはまた違った菓子の見方になるでしょう。それは時代の変化なので、それを受け止めればいい。菓子は正しい、正しくない、ではなく、「おいしければいい」と思う。

今、このスイーツブームの流れで作られている多数の菓子が「香りがないじゃん」と思うようなものばかりです。なんでだろう？　その原因を探っていくと、いくつかの理由に思いあたります。素材の問題もそのひとつでしょう。

　素材が氾濫し、情報も氾濫している。これはある意味、とってもいいことです。作り手の選択が広がるわけだから。ただ、買った素材をそのまま使ったら、菓子屋の仕事じゃないよ。その素材をどう菓子に取り込んで作るかが重要であって。

　そのためには素材を扱う技術と、それを選択する知識が必要です。これにはパティシエの実力が備わっていないと、ひとつの菓子を完成させるのは難しいでしょう。いろいろなメーカーのものがあって、実際に食べ比べたり、使ったりして特徴をつかみ、どれを選択するかなんて考えたら、僕はもうまどろっこしい。だったら自分で理想とする味をめざして、最初から作れば間違いはない。

　こんなやり方は、時代と逆行しているだろうと言う人もいますが、時代がどうかなんて僕にはあまり関係がないんです。このスタイルが僕には一番合っていると思っているから長年続けているだけ。

　コストのことを考えれば、加工されたものを買ったほうがはるかに経済的です。店で加工するための仕事が増えるし、人件費をそれに換算したら、とてもとても割に合わない。

　たとえばアーモンドは皮つきで求めますが、手間ひまかけて皮を除くと二割はなくなってしまう。でも、アーモンドの香ばしい風味と旨さを出したいから、それでもいいと思ってね。割り切ってやっています。

　アーモンドの皮をむく機械がなかったときには、皮をむいたものを買っていました。長年、欲しかった皮をむく機械を、商事会社がやっと見つけてフランスから輸入してくれたときは、それはそれは、うれしかったですよ。僕が菓子を作り続けている間は「これをずっと使っていこうね」って心に決めました。

　皮をむく段階から作ると、でき上がりの香ばしさはまるで違いますから。冷凍の枝豆と、さやから茹でたものは、風味があきらかに違うでしょ？　それと同じこと。一度、その旨さを口にしてしまうと、もう妥協なんかできない。食べ物の本当の旨さを知ってしまうと、それをまた食べたくなるのが人間の心理でしょ。

　でもそのためには、時間も材料費も人件費も必要で、高くつく。じゃあ、無理してでもこれを続けるためには、どうすればいいだろうかと考えます。

　一番簡単なのは、菓子の値段を高くすること。ですが、安易にその方向に解決策をもっていきたくはない。機械を買ってその分の労働をまかなってもらうとか、作業を徹底的に見なおして無駄を省くとか、効率を上げるとか、知恵を絞るわけです。僕はそのための努力をする。すると、何らかの妥協策が見えてきますよ。なんとなくそうやってクリアしてきました。

　すべてはおいしさのために。

ところが手作業の技術がついていかないと、素材から仕込んでも、おいしくないものができてしまうこともあります。つまり残念な結果を生むこともあるわけで。

メーカーが作るものは味が安定していますから、マニュアルどおり、いつもの分量で菓子を作っていれば、失敗はないでしょう。でもうちで仕入れる原材料の品質は、常に一定ではありませんから、含まれる油脂分を確かめながら、ナッツ(アーモンド、ヘーゼルナッツ)をローストする時間の調整をしたり、甘さを補ったりと、五感を敏感にして仕込まなければいけません。だから材料を加工するまでには、それなりの技術と経験が必要になってきます。

作り手の満足感だけで終わってしまって、肝腎のおいしさにまでつながらないことだってあります。これでは本末顚倒で、そうならないためには、ひとつひとつの工程を確実にこなしていく必要があるんです。

たったひとつの小さな焼き菓子でも、完成させるまでには山のような工程があって、かなり骨が折れる労働です。製造するスタッフの中には、手間も時間もかかるし、面倒だし、こんなイヤな店はないと思う人もいるかもしれません。反面、仕事が楽しめる人には、うちの店ほど楽しい店はないと思います。

あとは本人が、どうとらえるかの問題です。

プロの仕事は、謝ったら負け

〝素材作り〟は、うちでは担当者を決めて、責任をもって作ってもらいます。

こんどフランスへ修業に行く子がいるので、先週から配置換えをしているんですよ。その子の仕事を引き継いでもらうためにね。

そのため通常だと一時間で終わるアーモンドの皮むきが、二時間半かかる。もちろん最初は仕方がないけれど、それなりの経験がある子だったので、四〜五日もすれば慣れるだろうと見込んでいました。しかし、まだ要領がつかめないらしくて右往左往しています。僕からすれば予想に反する結果です。本人は「頑張ります」と言うけれども。

「お前、頑張っていないよ。頑張っているというのは人からの評価、『お前、頑張ったね』であって、頑張ってもいないのに、自分から『頑張ります』と言うのは、言葉で逃げていることと同じだよ」。

その「頑張ります」は、許しを乞うための、逃げのひと言だと思うんです。「お前の倍の速さで、その作業を普通にやる人がいるよ。世の中には、頑張らなくてもできるすごい人はいっぱいいる」それを言ったら、きりがないけれども。

結果論の中で、「頑張ったね」と言うことであって、自分からは言う言葉ではないと、僕は思っています。

「二時間半かかったら、みんなにも迷惑をかけているはずだろう」

「……やっています」

それはやっていないよ。

その次に、何かと言えば「すみません」。プロの仕事というのはね、謝ったら負けです。一般社会では、「すみません」と言うことはあり得ることかもしれないけれど、プロの世界では競争し合っている。謝らずにすむためにはどうすればいいかを考えないと。

だって、プロのスポーツ選手を見てください。謝るなんてあり得ないことでしょ。彼らはプロ根性が据わってってているから、見ているほうも真剣になれますよ。自分のやるべきことをトコトン追求する。相手に一点取られたら、取り返しがつかないわけだし。ところが菓子屋は失敗したら作り直せるわけで、それが許される環境ですが、もう少し、プロ意識を持つべきだと思います。

しかし、ただストイックに意識を持っておいしいものが作れるかといえば、そうとも言えないから、ここが難しいところですが。僕が言いたいことは、それくらいのところに意識を持っていかないとダメだということです。

僕も若い頃、いろんなことで怒られましたよ、そりゃいっぱい。あたりまえですよ。失敗して落ち込んだこと、いくつもあります。上の人に謝ると同時に汗がダラダラと流れ、全身びっしょりです。その日はもちろん、数日間は引きずって、テンションを上げるのは大変でした。そんな場面が多々です。

ところが、今の人は平気みたいです。「すみません」って、これで終わり。えっ、それだけかよ。僕がそう思うのは、大事にしない心がいっぱいあるから。腹がたつんです。失敗することは悪くない。むしろ失敗することは必要なこと。そこから学んでいくんだから。

失敗しようとして、失敗したわけじゃない――、失敗しようと思って失敗する人なんていないです。わざと損をさせようとする人なんかいないですよ。その意図の流れの中で、意味がわからないでやっているから失敗する。だから、腹がたってくる。

しかも、それを再び繰り返す。で、二言目には必ず「すみません、すみません」。「いいよ、仕方ないよな……」と言いたいけれどさ、「すみません」ってさ、プロは言うもんじゃないよって。それをしないようにしていくのが、プロなんだよ。

あまりにミスが続くようだと、「お前、うちの店を辞めなさい」とひどいことを言うんです。本人が辛くなるようなことをわざと。

「いや、頑張ります」

「頑張っていないだろ」

いつ辞めるかなって思いながら、そいつを言葉でたたく。弱音を吐いて逃げちゃうやつもいます。苦しむ時は苦しんで、自分で解決していくより道はない。

「よっぽどお前が、ひと皮も、ふた皮もむけないとダメだよなあ……」

ここまで言うと、人間って変わるんですよ。三〇歳近くなると、意識が明らかに変わります。変わらないやつは、ウソです。

そのきっかけを作ってくれるのは、たとえば、下にくる人間です。下からきて、七〜八歳の年齢差があって、どんどん伸びるのがいると、「俺は何をしているんだ」と刺激を受ける。そこで自覚するわけです。すると、ポストをとれるようになる。フランスに行きたい気持ちが芽生えてくる。

僕も、そのときは受け入れてあげる気になりますからね。ただ、「お前をここまで育てるのに七年かかったじゃないか。やっとここまで来て、フランスに行っちゃうのかよ」って、そんな繰り返しですね。

もちろん、行くことについて僕は反対なんかしません。フランスに行って心の自信をつけて来いと、拍手で送り出しますよ。

＊11 **素材**　原材料に手を加えたもの。たとえばフォンダン、タンプータン、プラリネ……といった類のもの。

いちじくのコンフィチュールを作る

ジャムはその時の素材の旨さを、いかに砂糖で引っ張り出すかなんです。だから、味が最も充実する、旬の熟したもの以外は使いません。

おいしい果物と出くわしたら、すぐ作ります。これを逃がしたら、もう一年間、出合えないかもしれないから。今年はすでに、いちじくのジャムを二〇〇本作りました。けれども、まだ一年分をストックしておくには足りないので、もう少し作りたいと思っていますが、満足する味のものが手に入らなかったら、これでおしまい。

いちじくは九月頃に出まわるもので、愛知県産の露地ものが一番理想とする味に近いですね。

いちじくの熟した見極め方は、果物は熟すといい香りを放ちますから、まずは匂いをかいでみること。これで果実の熟れ具合は、おおよそ想像することができます。

日本のものは外国のものと比べると、大きくて水分も多いので、ジャムを作るときは、アニスやバニラなどの香辛料を入れて香りを補い、もったりとしたおいしさに感じられるように仕上げています。香辛料はこれ以外のものでもいいです。

それと、いちじくやあんずを煮るときは、三温糖を使います。温かさや、独特のねっとり感みたいなものを出したいのでね。ちなみに、いちごや木いちご、赤すぐりは味にシャープさを求めるので、グラニュー糖を使います。

作り方は、素材の果物に対して半量の砂糖の割で煮上げていき、最終的な糖度を六五〜七〇パーセントにするというもの。七〇パーセントを越えてしまうと、鍋の縁などについた果物の焦げた味が混じって、とたんにまずくなります。これを僕らは「ジャム臭」と言うんですが、この臭いがついてしまうと、せっかくのジャムが台なしですから、最後まで気を抜かずに、ジャムを煮る手を止めないでください。油断は大敵です。

糖度が六五パーセントになると、果物が持っているエキスの味がたっぷりと残り、香りも引き立ちます。生では味わうことのできない濃厚な旨みがあるから、決してただ甘いだけじゃないんですよ。

Confiture
いちじくのコンフィチュール

材料

いちじく　1200g
三温糖　600g
水　300g
スターアニス、レモン汁　各適量

作り方

1　いちじくの皮をむき、半分に割る。
2　鍋に三温糖、水、ガーゼに包んだスターアニスを入れて強火にかけ、106℃まで沸騰させる。
3　1のいちじくを入れる。強火の状態で絶えずかき混ぜながら、糖度65％を目安に煮詰めていく。アクが出たら、丁寧にすくい取る。糖度計がない場合の仕上がりのサインは、小皿に少量取って冷まし、トロッとなめらかにのびればいい。または、皿を傾けてゆっくり落ちていく状態。
4　仕上げにレモン汁を入れ、かき混ぜて完成。

★鍋は火のあたりがやわらかい銅製の鍋が最適だが、家庭で作る場合はステンレスやホウロウ鍋でもいい。沸いてくると、果肉がふっくらと持ち上がってくるので、深鍋を用意すること。

11

Confiserie

コンフィズリー

熟練した職人さんの仕事って、なんでも見ていて飽きないですよね。

子どもの頃に見た駄菓子屋の飴細工や、下町の職人さんが作る飴なんか、そりゃ見事でした。飴が、まるで生きものであるかのように、イキイキと扱われるから、思わずじっと見入っちゃいます。

フランスでもお祭りには、コンフィズリー（糖菓子）の屋台がたくさん出てにぎわいます。フランスの地方などをまわると、菓子のスペシャリテでは、コンフィズリーのジャンルのものが圧倒的に多いんです。

一番多いのは、飴の類。棒付き飴、りんご飴、正四面体の飴……いろいろなものが印象に残っています。

どちらかといえば、僕の興味がそそられるのは、店で売られているものではなくて、祭りの時に露店に並ぶコンフィズリーだったりします。

楽しさ、華やかさ、種類や形もさまざまで、駄菓子の世界ですよ。

僕はね、コンフィズリーは駄菓子でいいと思っています。だって、見て楽しいでしょ。

お菓子の原点に立ち戻る

日本に帰国して、卸し業から、店を持つようになり、その店が軌道に乗ったあたりから、プラリーヌ(アーモンドとカラメルの菓子)や、パート・ド・フリュイ(フルーツゼリー)、コンフィ(果物の砂糖漬)、ヌガー、キャラメルなどは、本や経験を頼りに試行錯誤をして作ってきたものですが、「いつかは、コンフィズリー(糖菓)をやろう」という気持ちになっていました。

でも、まだまだ作りたいものがたくさんあって、それがコンフィズリーを作るための専用の工房を造った理由です。もう四年ほどたちますが、全然やりきれていない。設備もまだ足りなくてね。やりきれていない思いがあるから、実現させようという、いいきっかけになっていることは確かです。

頭の中では、かつて修業をした〈ショコラティエ・サラヴァン〉の仕事を思い出そう、思い出そうとしています。ほかの菓子屋の仕事を思い出そうという気は、ほとんどなくて、あの〈ショコラティエ・サラヴァン〉で見た、いろいろなコンフィズリーの種類を作ってみたい。もっとまじめに説明を聞いたり、メモしておけばよかったなあ、と思います……。

〈ショコラティエ・サラヴァン〉は、チョコレートとコンフィズリーを専門に売る大型店で、パリ一四区のアレジア通りに位置していました。今も店はありますが、当時とは店の雰囲気も、並ぶ菓子も、違ったものになってしまっています。

砂糖を主にして作るコンフィズリーと呼ばれる菓子は、初めて経験する仕事で、「へえ、こうやって作っていくのか」と、そのすべてが興味深いものでした。

僕がフランスで修業した一〇年間で、仕事の記録を残そうとしてノートにとったものなんて五ページにも満たない。自分の頭の中にずっとしまい込んでおける、という自信がありましたから。

菓子の場合、材料の配合や手順、基本のパターンは決まっているから、いろいろな生地をひと通り覚えてしまえば、あとは店によってバターが多かったり少なかったり、という調整なので、細かくメモをとらなくてもいいのです。でも、ここでの仕事はきちんと記録しておくべきだったと、四〇年近くたった今になっても悔やむほど、唯一、貴重な体験でした。

六〇～七〇年代のフランスの菓子屋では、チョコレートやコンフィズリーは作る手間がかかるうえに、専用の設備も必要なので、注文で仕入れる店がほとんどでした。

〈ショコラティエ・サラヴァン〉はいわばその注文を受けるメーカー的な役割の存在で、非常に多種類の商品を幅広く作っていたわけです。店で働く人の半分以上は、女性で占められていました。粉まみれになって働く菓子屋の大変な労働とは違い、パレット一本を手にしての作業でしたからね。

工業的な生産に近かったので、専用の設備や道具、型などのシステム環境は整っていました。今でも思い出されるのは、フォンダンが長いシリンダーを通って、あっという間にでき上がっていく様子。ホイップマシンのようにシリンダーのまわりの管に水を流して冷やし、強制的に空気を送ってシロップを糖化させていました。

また、飴は大きなマシンで引っ張って、短時間のうちに大量の数ができ上がっていました。フランボワーズ、青りんご、アプリコットといった果物のピュレを、小さな四角に固めたゼリーのパート・ド・フリュイも、ここで初めて作り方を学びました。

透明な美しい色合いは、菓子ならではの華やかさがあって、見ているだけでも楽しい。ところが果物のピュレに大量の砂糖を加えて作られるので、果物の風味を味わう以前に、その甘さにびっくりして、だから食べておいしい、という感じではなかったですね。

酸味のある果物をせっかく使うのだから、もう少しおいしく作れないのかなあ……。いま考えれば、凝固剤である良質のペクチンもなかった時代で、フルーツ自体の凝固力を引き出すために、大量の砂糖は必要不可欠だったと納得できます。昔の職人たちは、この単純なルセットの完成度を上げるため、大変な苦労を重ねたと、一六世紀に出版された本を後に読んで知ったわけですが。

ちなみに、砂糖がフランス菓子に使われるようになったのは、イタリアから伝わった一四世紀以降です。フランス語で砂糖を意味するシュクルsucreの語源は、サンスクリット語のシャーカラー sarkaraからきていて、砂糖の原料であるさとうきびがインドのガンジス川流域などで見つけられたという説があります。その後、ギリシャ人、ローマ人が砂糖を輸入するのですが、数世紀の間、砂糖は贅沢品でした。庶民が砂糖を使った甘い菓子を食べられるようになったのは、ルイ王朝が崩れてからのことだと言います。

ジャムやコンフィと同様にパート・ド・フリュイも、イタリアから伝わってきた菓子です。〈ショコラティエ・サラヴァン〉では、ほかにフランス人が好む、ドラジェやヌガー、フォンダン、プラリネといったいかにもフランス菓子ならではの食感や甘さ、口溶けをもつ菓子を作っていました。僕にとってすべてが初めてで、未知のことばかり。興味は尽きません。

そこで店のディレクターに、勉強がしたいからとかけ合って、特別にいろいろなパートの手伝いに入れるようにしてもらいました。

菓子の技術や知識がひと通り身についた後で、このコンフィズリーの世界をのぞいていたならば、もっと違った視点で仕事に取り組んでいたでしょう。そんな思いがずっと消えず、やり残したという気持ちが、現在僕が、コンフィズリーの世界に夢中になっている理由でもあるんです。

砂糖は菓子の原点ともいえる素材で、その砂糖をあやつるコンフィズリーの世界を、自分なりにもっと深めていきたい。糖度の調整しだいで食感が異なり、表情も変化していく。ここには、一見無駄に思えるような遊び心がたっぷりですから。ふだんの菓子作りとはまるで違う、さまざまなものが見えてくるので、そこでいろいろな表現をしていきたいんですよ。

そして、コンフィズリーがいかなるものかを、日本のお客さんにもっと知ってもらいたい。同じ職業の若い世代に「こんなに奥の深い世界もあるよ」と伝えていきたい。キャラメルが流行っているからとか、みんながパート・ド・フリュイを売り始めたから、コンフィズリーを作る、というのではなくてね。

自分の菓子を作ろうよ

店の経営が苦しかった時は、よく講習会の仕事を引き受けていたことを、前にお話ししましたよね。でも六〇歳を過ぎてからは、〝ジジイのほざき〟みたいに聞こえるのは嫌だから、学校関係以外は、極力お断りをしています。

なぜかって、それはこんなことがよくあるからなんです。

プロ相手の講習会では、目の前で実際に作業をしながら技術的なことを説明し、その後で質疑応答の時間を設けるのが一般的な進行です。

ある時、その質疑応答で、熱心に聞いてくる人がいました。質問の内容はもう忘れちゃいましたけれども、見た感じでは一人前の立派なシェフとして働いている四〇代の男性です。「どうして君のような立場の人が来るの？　こんな講習会に来ちゃいけないよ」「いえ、まだ勉強させてください」

彼はその後も熱心に質問をしてきました。シェフならもっと堂々として日々の仕事をこなしなさいと思います。だってこれまでの過程があって、今、シェフというポジションにいるのですから。実力ある立場の人間が、講習会に参加し、他人の菓子を学びに来るようでは、「シェフをやめなさい」と言いたくなります。

「四十にして惑わず」というように、菓子職人になったら、もうこれしかできない、これをやるんだと覚悟を決める歳だと思うんです。四〇歳を過ぎても、まだ「勉強させてください」という言葉を聞くのが、僕は嫌いで嫌いでしょうがない。三〇歳で自立したのなら、その時でスパッと切らないと。やっぱり、けじめが大切です。

菓子メーカーなどの主催でフランスから有名パティシエを呼び、講習会をする時があります。いい機会なので、店の若い子一～二人に「見てきなさい」と、行かせるんです。どんな方法論があるかを、若いうちに見て知っておくには、いい機会ですから。

その時間、みんなは仕事をしているので、あとで、どんな講習会だったかをみんなの前で説明してもらいます。僕も一緒に聞きます。そりゃあ、やっぱり興味があるもの。

新しい材料のこと、新しい道具のこと、僕の知らないことがどんどん出てきている。たとえ昔風な仕事をしても、あれがあると、こんなに便利にできるんだっていうものが、今はたくさんあるわけだから。そんなところで損しちゃうのはいやですからね。で、その内容を聞いて、いい方法だなって思ったら、試してみます。納得できれば、自分のものにできるように努力する。ただ、その菓子を僕が直接見たらおしまいです。真似になる。この四〇年間、なんだったんだろうって思いますよ。「僕は、僕で楽しんできたじゃない」と。だからお菓子屋さんへも、用がない限り行きません。職業柄、ほかの店に行くと、見ないつもりでも「おっ、面白いことをやっているなあ」とか、つい見ちゃいますからね。それをちょいちょいやっていたら、自分ってなんだろうって思う。年を経てきたら、それまで自分の経験で培ってきたものを大切にしてほしいと思いますよ。

僕が三〇年以上店をやってこられたのは、店を手伝ってくれるスタッフがいたからで、二〇〇人以上の人が関わってくれていると思います。ある人は菓子屋を、ある人はレストランをと、食に関わることを生業としている。

うちから出た人間には「自分のお菓子を作るために努力をしなさい」と言っています。うちの菓子は過程の中でのひとつであってね。今、流行っている菓子を真似て作るというのではなく、自分の菓子を作ってほしい。

とにかく僕も自分なりに勉強をしてきました。でも最初はね、人のやっていることを真似するよりほかはないです。まず、そこに傾倒して真似をする。だんだん自分の思いが進んでくるようになる。ここはこうしたい、ああしたいと。そしたらしめたもの、今までの自分の経験が生きてくる。あの時は、ここではこんなやり方をした。そこでプラスアルファすれば、この味になるんじゃないかなって思うでしょう。そんなところで個の主張を出していけばいいんじゃないのかなって。

僕がいま夢中になっているコンフィズリーの世界が、まさにそう。ただの甘い飴じゃつまんないから、ジャムやハチミツを入れてみるとか、プラリネを飴に混ぜ込んでみたり、パイのようにサクサクとした食感にしてみようとか、いろいろ楽しんでね。若い時はなんでも吸収していいと思います。するべきだし。

自立して自分の店を持った、シェフになった、その時は、自分の引き出しをどうやって活用するかが重要になってくる。雑誌で見た菓子を真似するようじゃ、負けです。それぞれ、自分の人生を持っているのですから、自分の感じるものを表現してほしい。

菓子屋は粉まみれ、油まみれの労働者

僕は一人のシェフに傾倒して学んでいったわけではありません。フランスで出会った人たち

から、いろんなことを教わって、自分なりにそれを吸収してきました。

でも、あえて今も心に残っている人といえば、ガストン・ルノートルの学校〈エコール・ルノートル〉で初代校長を務めたポネと、菓子屋〈コクラン・エネ〉のフランソワ、この二人の存在は大きいですね。

ポネと初めて会ったのは、僕が二四歳の頃です。夏のバカンスを利用して、スイスのバーゼルにあった〈コバ製菓学校〉の「飴」の講習を受けに行きました。当時、ポネはコバの准教授で、彼から飴の技術を習ったんです。授業が終わると、ポネと一緒によくコーヒーを飲みに行きました。

そのポネとは別に、初日に授業を教えてくれたのは、ペルリアという校長先生。七〇歳を越えていたんじゃないかな。職人上がりのような厳格な人で、僕は彼からものすごく怒られました。

なぜかって、飴を膨らませて作る〝スフレ〟という技法が、まったくできなかったんです。

今は機械で空気を送り込んで簡単に作れますが、当時はシャボン玉を作るようなストローで飴を膨らませていました。僕はいわゆる出っ歯なので空気が横に漏れて、うまく飴を膨らませることができなかった。それで一人残され、夜の一一時頃まで特訓させられました。フーッ、フーッと息ばかりをずっと出しているから、しまいには疲れちゃった。

「みんなできるのに、なぜお前だけができないんだ!」と怒られ、あげくの果てに、飴を煮た銅鍋洗いを命じられ、「そうやって洗うんじゃないだろう!」とまた怒られて。妥協など一切許さない、職人の生きざまを見た感じでした。

で、翌日、僕がうまくできなかったことを、ポネがやってみせてくれると、ポンとできてしまったんです。「これでいいんだ！」彼のやり方を見て、悩みが一挙に解決です。

彼の授業なんて適当ですよ。少し教えて、あとは「ハイ!」と本を手渡され、「これを見て勉強しておきな。あとは同じだよ」って。それから授業を中断し、二人でコーヒーを飲みに行きました。彼にはものすごいオーラがあって、言うまでもなく技術は一流です。もちろんその陰では多くの努力をしたのだと思います。その努力は、僕らの努力以上の努力ですよ、きっと。

そんな人間性に魅かれました。だから、ルノートルの学校の校長になると聞いたときには納得しました。考え方がとてもシャープで、頭がキレるタイプの人でしたし。

たった四日間という短い間でしたが、あれだけのすごい人の側にいることができて幸運でした。菓子作りがどうこうじゃなくて、学ぶべき大きなものがありましたよね。そのレベルの人たちと会えたことで、僕が大いに成長したことは確かです。ある時は、パン屋で粉まみれになって働いて、お金を稼ぐことに徹してもいい。でも、ある時は、そういう人たちと交じり合うことも大事です。

このコバの学校で四日間学ぶためには、一カ月以上の給料、約一〇〇〇フランが必要だから、大変でした。高いけれど、それくらい高くても、僕はいいと思う。それくらい真剣にさせないと。だってプロがプロに教えるのですから。日本では、アマチュアがアマチュアを教えているから、いけないんですよ。プロがプロを教えなければ、ダメなんです。

そして、僕にとって尊敬に値するもう一人が〈コクラン・エネ〉のシェフ、フランソワです。当時、すでに年齢は六〇代後半、ひょっとすると七〇代に入っていたかもしれませんが、とにかく小さな体でクルクルと、よく厨房内を動きまわって働いていました。

僕らが始発のメトロに乗って六時に出勤すると、すでにフランソワは一人でけっこうな量の菓子を焼き上げていました。

「あれ、何時からやっていたんだろう?」

〈コクラン・エネ〉は飛ぶように菓子が売れる店だったので、とにかく忙しかった、という記憶が残っています。フランソワは朝っぱらから酒を飲んで生地を仕込んだり、窯を使ったりと、人一倍の肉体労働をしていたこともあって、午後になると作業中にもかかわらず、ゴーッといびきをかいて寝入っていました。「あー、寝ちゃったなあ」、みんな気づいていましたが、そのまま。あの姿勢には頭が下がりました。

フランスでは、ふんぞりかえって仕事を眺めているようなシェフはいませんでした。どこの店も、先頭きって働いていたのはシェフです。トップが働かなかったら、下はついてこないとばかりに、その姿は頼もしかった。だから、僕が将来シェフとして働くことがあるならば、いつも先頭に立って仕事をしようと思いました。

〈オーボンヴュータン〉の開店以来、僕はいつも厨房で菓子を作っています。もし僕に、人よりも長《た》けたものが備わっていれば、人はついてくるかもしれないけれど、その長けているものが僕には何もないですしね。

だったら店のスタッフと一緒になって、ガンガン働くしかないと思っているだけです。現場で働いていると、僕も言いたいことをそのまま言えるじゃないですか。

誰かが言っていました。叱りの哲学というのがあって、「叱るのは、その場ですぐ」と。僕もそう思う。後でああしろ、こうしろと言ったって、ダメです。その時に言わなきゃ。もちろん相手も不満を、その時に言ってくれないとね。後から不満を言ってきても、僕は聞き耳持たないですから。

この店に勤めたいと希望して入って来る若い子たちに、「菓子屋の仕事はこうあるべき」みたいなものを、僕の姿から感じ取ってくれたらいいですけれど。

気持ちが萎えたら、店を閉める時

菓子を作る人を、フランス語でパティシエと言いますが、そのイメージほど美化された職業ではないです。現実はハードで厳しい世界。なんだか最近は、憧れの職業のように思われているようですが。

やっぱり菓子屋は、職人の仕事の場だと思います。職人はアーティザンというけれど、そこからは、椅子やテーブルを作る職人などが思い浮かび、「芸術家」「工芸家」というイメージが先行するから、それもちょっと違和感があるって。

僕にはむしろ労働者の意味をもつ、ウーブリエ＝ouvrierが最適なんじゃないかと思います。粉まみれ、油まみれの労働者で、かっこいいものじゃない。スターではないし、アーティザンなどというきれいな名前でもなくて。菓子職人は本来裏方のサービス業の一つという認識でいます。菓子職人は、アーティストではない。

それと今の時代の職人は、時間と人と、道具、材料と向き合い葛藤し合って、利益を生む仕事をするのが本筋だと思います。過去の職人は、ただ、いい仕事をすればよかった。商売や、人がどうこう言うのはあまり関係なかったから。いい仕事をすることを一番に自負していた。これはもう、古い職人の考えだと思います。

僕の菓子屋においては、そうした古い考えはまったく通用しない。今後はまた、時代によってこの考えは変わっていくでしょう。五年後、一〇年後はどうなるかわかりません。時代に合った職人とはなんぞや、と見極めてね。職人のレベルはそうやって作っていくことだと思います。時代によって、いつも変わっていくのが職人だと思っています。

僕はまだ職人として、ガンガン働きますよ。まだまだ戦えるという意識を持っているもの。

フランスでやったことなんて、もうネタとしてすべて出し尽くしています。ただ、ポッと湧いてくる思い、あの時の、あの菓子はどんなだったかなあと、ふり返って思うものがまだある。そんな菓子を作りたいという気力は、まだまだ強くて。

もし、これが萎えたら、すぐに店を閉めます。明日、そんな気になったら、すぐに閉めるでしょう。みんなには申し訳ないけれど。そうなったら、店を続けていこうという思いはないです。

作り手は、気持ちが熱くないと、おいしいものはできないよね。

プラリネ・フィユテ（コンフィズリー）を作る

シュセット（棒つきキャンデー）、バアルバ・パパ（綿飴）、パスティーユ・トルジュ（平たい飴）と、いろいろな種類のものを店では作っていますね。これらはストックの減りの具合で、週一～二回の作業をします。

最初は思うように作れず、てこずっていました。回数を重ねていくうちに徐々にうまくなって、種類もここまで増やしてきました。ですが、まだまだ面白いことが見つけられるので、もっと種類を増やしていこうと思っていますけどね。

飴菓子を作るときは、シロップを一五〇度まで熱し、六〇～七〇度に下がったところで飴を練っていくので、最初の一〇～一五分はものすごく熱いです。それから少しずつ、手が熱さに慣れてきますが……やはり熱いですよ。

今はいろいろ便利な道具があるから、作業はものすごくやりやすくなりましたけれども。昔は手袋もせずに飴をこねていました。素手でやると、手から汗が出てくるので、衛生的にも手袋ができてよかった。でも、それでもやはり手は熱いです。それとランプといって、飴の温度が下がらないように、六〇度で保温してくれる台を特注して作ってからは、飴を無駄にすることも少なくなりました。

フランスで修業していた頃は、オーブンの蓋を開けて、その熱を利用して作業をしていました。飴を作っていたかと思うと、次はアイスクリームを作ったり、生菓子を作ったり。

労働時間内にいろいろな作業をこなさないといけないから、体温もその変化についていくように調整させていました。人間の体温は訓練しだいで、身体の温度、手の温度を調整して変えられるようになります。意識すれば変えられる。料理人もそうじゃないですか、湯や油の中に手をつっこんでも、やけどをしないでしょう。これも訓練です。

飴を作るようになってから、すでに僕の歯は四本抜けました。幸いにも同じビルに歯医者さんが入っているので、すぐに処置してもらえるから助かっていますけれども。フランスでも虫歯には困りました。虫歯に正露丸を詰めたり、今治水《こんぢすい》を飲んだり、最後は、母親が漬けた梅干しを口に入れた。これは一番効きました。でも次の日、口の中が酸で荒れて真っ白。味が感じられず、これはもうダメだと歯医者に行ったら、麻酔もかけずにペンチで引っこ抜かれました。痛いのなんのって。あれ、飴の話のはずが虫歯に脱線してしまって。軌道修正して、プラリネ・フィユテを作っていきましょう。

飴を作るときは、まずシロップを作ります。材料はグラニュー糖と水飴、水。これらを最初、鍋で煮ただけでは材料がよくなじまないのか、飴が思うように伸びませんでした。そこでまた試行錯誤です。その結果、圧力をかけて煮ることにしました。圧力釜で沸騰させ、一時間以上おいてから使います。これをすることで砂糖と水がよくなじんで伸びがよくなり、ツヤも持続します。それと、味もよくなります。ただ、二四時間以上たつと、伸びはいいけれど、飴の力は弱まり、べたつきやすくなります。

こうして作ったシロップを火にかけて、鍋で一五〇度まで温度を上げて煮ていく。シルパット（耐熱シート）の上に一対四の比率で二カ所に流しましょう。比率の大きい〈四〉の飴には、プラリネ、シナモン、コーヒーリキュール、酒石酸を入れます。比率の小さい〈一〉の飴にはコーヒーリキュールだけです。

六〇度くらいまで冷めて飴がやや固まりかけたら、まず、プラリネなどを混ぜ込んでいきます。混ぜ込んだら、大きいほうは、空気を含ませるようにしながら飴を手で引っ張って、二つに折って、また引いて折ってを繰り返しながら練っていきます。

大量の飴を作るには、かなりの力が必要ですから、フランスでは棒を使って飴を引っ張っていました。棒に飴を掛けて、全身の力をかけて引っ張るので作業がはかどる。飴の温度が下がらないうちに手早く、リズムをとりながら反復します。こうやって引っ張っているうちに、だんだんと空気を含んで飴が白くなり、ツヤが出てくる。何度も繰り返すことで、生地が何層にも折り重なったフィユタージュ（パイ）のような飴になっていきますから、棒状に飴をまとめておきます。

小さいほうの飴は、コーヒーリキュールが均一に混ざったら、厚さ一〜二ミリの長方形にのばしておきます。こっちの飴は引きません。フィユタージュのシャリシャリとした食感を際立たせるために。

ここから形を作ります。長方形にのばした飴の上に、棒状にまとめた飴をのせて包み込みます。あとは、これを両手で転がしながら細いひも状にのばし、ハサミで切っていく。中と外の飴の温度が同じくらいだと、パチパチと気持ちよく切れます。手作業なので大、小があって不揃いですけど。このよさをわかってくれる人がいると、うれしいですよね。

ちょっと失敗したのは、ポイッと自分の口の中に入れちゃいます。これがね、虫歯のもとなんですけれども。口の中でプラリネの風味が広がり、表面の飴が溶けると、ホロホロと崩れるように楽しめますよ。

Confiserie

コンフィズリー “プラリネ・フィユテ”

材料（でき上がり約860g）

シロップ

A
- グラニュー糖　500g
- 水飴　125g
- 水　165g

プラリネ・フォンセ（作り方／ p276）　75g
シナモンパウダー　10g
コーヒーリキュール　10g
酒石酸　2g

作り方

1　シロップを鍋に入れ、150℃まで熱する。

2　シルパット(耐熱シート)に、1対4の比率で流し分ける。

3　少し冷めたら、大きいほうにプラリネ・フォンセ、シナモンパウダー、3分の2の量のコーヒーリキュール、酒石酸をのせ、混ぜるように練り込んだら、引っ張って、長くなったらふたつ折りにし、またそれを引っ張る。この作業を手早く繰り返しながら空気を含ませて練っていく。ツヤが出てきたら30cmの棒状にする。

4　小さいほうに、残りのコーヒーリキュールを上にのせ、混ぜるように練り込む。均一に混ざったら、厚さ1～2mmの長方形(約30cm×20cm)にのばす。

5　4の中央に3の飴をのせて包み込む。転がしながら、直径1.5cmほどの細いひも状にのばし、ハサミで小さくカットする。粗熱がとれたら、乾燥剤を入れた袋に入れる。

[シロップの作り方]

Aを圧力釜に入れて沸騰させて火を止め、1時間以上おく。ただし24時間以内に使いきる。

[プラリネ・フォンセの作り方]

皮つきヘーゼルナッツ(400g)を170~180℃のオーブンで中までローストする。

鍋にグラニュー糖(300g)と水(80g)を入れて118℃まで加熱し、ヘーゼルナッツを加える。火を止め、木ベラで混ぜながら結晶化させる。いったん冷ました後、再び強火にかけてキャラメリゼする。冷めたらフードプロセッサーにかけて粗めに砕き、ローラーでペースト状にする。

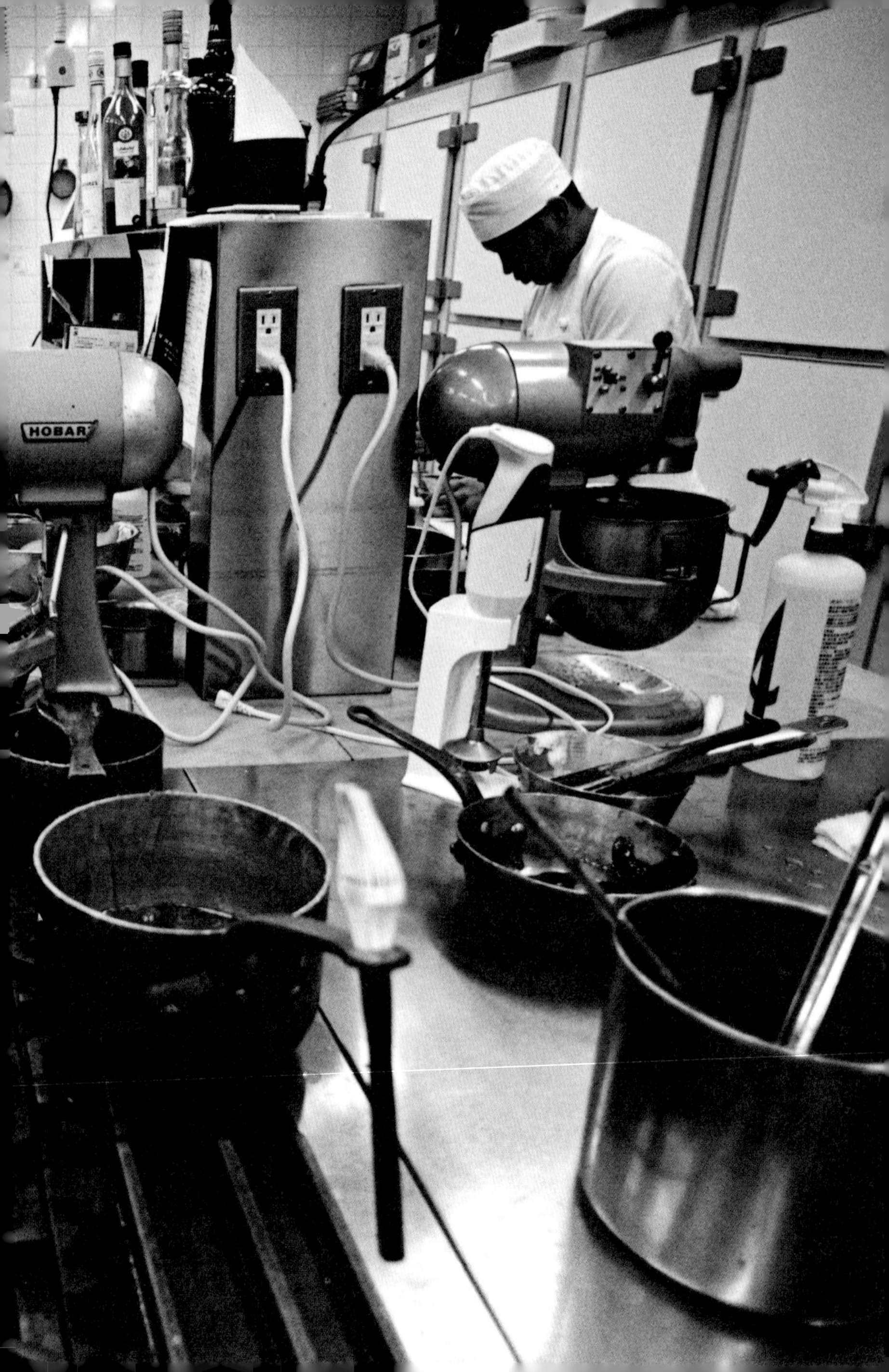
HOBAR

200

あとがきにかえて

菓子職人をめざす人に

七四歳にもなって、よく働くじいさんだなあって思いますよ、自分で。家に帰って「あー、くたびれた」と、その度合いも多くなってきたし。

ここのところ坐骨神経痛が痛くて。七〜八年前も、そんなことを言っていましたか。〝筋肉の関節の先生〟って僕は呼んでいるけど、そこに行って思いっきり、くの字に曲げてもらう。悲鳴をあげるほど、そりゃあ痛い、だけど、ずいぶん楽になってまた働けるから。猫背で姿勢が悪いのも要因になっているんですけど。

二〇一五年の春、お店を少し移動して新しくしました。厨房も少し広くして、相変わらず毎日、忙しく働いています。一日の予定量を作ったら、それでおしまい。時間内、目いっぱい働いていますから、売り切れになってもそれ以上は作りません。作り手がくたびれていたら、おいしくは作れないです。もの作りをする人は、心と体が健全でなければと思うから。

年を経て変わったこと？　何も変わっていませんよ。あいかわらずムキになってやっている。体力は落ちたけど、先頭に立ってこちらのパワーを見せないと、若い人はついてきてはくれません。

まあ変わったと言えば、一番は言葉がまるくなりました。昔ほど、若い人に対してあまり言わなくなった。というか、今の若い世代は、僕ら世代とは人種が違う感じ。一番困るのがこれで、あまり究極を言うと「やめます」となる。こちらが強く言うとダメです。昔みたいに、態度で向かってこない。僕らを見返してやろうという意図が感じられないというか。

大前提に、うちの店で仕事がしたくて来ているんだろう、と僕は思っているから、「違うだろ、ああじゃねえ、こうじゃねえ」と、つい乱暴な口調で言うんですが、すると、自分の中にどんどんしまい込んで、殻に閉じ込めてしまいます。今の人は素直ですが、なかなか自分の中の意地を表に引っ張り出そうとしない。しかし、その意地こそが、職人根性の素地をつくるんだと思うんです。

覚悟の問題

うちの店で働く人は高卒、専門学校卒、大学卒、経験者といろいろです。何も経験がない状態で入ってきたら、一人前としてやっていくには八〜一〇年かかるでしょう。他店で四、五年勤めた経験があっても、あと三、四年は必要になります。なぜなら、うちの店のやり方に馴染んでもらうまでに一年くらい、どうしてもかかるから。彼らを否定するわけではないけど、うちの店を選んだなら、早くうちのやり方に飛び込んでしまえばいいだけのことです。でも飛び込まずに、自分を出そうとする。君のいいところを受け入れようとしたら、うちの店はメチャクチャになっちゃいます。

僕はフランスでの一〇年間、十数軒の店で修業しましたが、店によって方法論が違うので、いち早くそこを理解し、シェフが望む仕事をしました。そこを押さえて仕事に取り組めば、上達はずっと早いと思うんです。

また、仕事を始めてからの数年は、むちゃくちゃな中で理不尽さを認めてやっていかないと。非常識なこともあるでしょう、上下関係がある中では。だけど反抗していたら前に進めず、どうしようもないです。後輩に追い抜かれたり、同期に先を越されたり、職場は競争の場でもあって。誰のためでもない、自分のためであって、自分を確立するためのものですから。

そして、がむしゃらに働かないとダメですね。でも、ただの一生懸命じゃなくて、なぜ、この作業をするのかと常に意識しながら行うことが大事で。泡立てひとつにも必ず意味があり、やがてその作業の奥深さが理解できるようになります。すると、より以上のものを自分が求めていくようになる。それを見つけられるようになると、仕事の面白さにも目覚め、自信につながっていくでしょう。どんな仕事でも、自分のポリシーをしっかり出す人は成長します。何でもいいと思って取り組んでいる人は伸びません。

今、一緒に仕事をしている長男は、大学院を途中で辞め、それから職人の道をめざしました。ぜんぜん関係のない職業につくもんだと思っていたから、ある日突然、「菓子を作りたい」と言われて絶句ですよ。何でいまさら？ 職人としてスタートするには遅い、とずいぶん反対をしました。それでも職人をめざすなら、自分で何とかしろと突き放して。

フランス語で書かれた、お菓子の辞書のようなぶ厚い本を一冊手渡し、辞書片手に翻訳するところから始めて、修業する店を自分で探し、フランスでも働き、ほぼ一〇年で一人前になったかなという感じです。今、一三年目で同じ経験年数の人と比べても劣らないでしょう。なにかって、「本人の覚悟の問題」ですよ。これがすべてだと思います。才能とかじゃない。

僕は人を育てるっていう気はないです。むしろ技を盗めくらいの気持ちで。フランス料理の店で修業をスタートしたとき、ソースのついた鍋を、上の人はそのまま洗い場に出しませんでした。わざと水を入れて味みをさせない。いま思うと、そういう気持ちがわかります。貪欲になって自分から学んでいかないと、何も得られなかったわけで。

この店を始めてから、三〇〇人以上の人が巣立っていったと思います。その中で自分の店を持ってやっているのは、四分の一くらいじゃないですか。菓子職人として向き不向きで言ってしまったら、半分以上は不向きかもしれません。だけど、やりたいんですから。好きという気持ちがあれば、あとは本人しだいです。

僕が菓子職人に向いていたかといえば、嫌いじゃなかったですね。けっこう向いていたんじゃないかな。実家は機械関係の仕事をしていて、それに向いていないことはわかっていました。手伝いで旋盤を削ったりすると、あのグリスの匂いがどうも苦手で、好きになれなかったから。

うちの息子二人も、食べ物の職を選んでよかったんじゃないかなと思います。次男はシャルキュティエ（食肉加工技術をもつ職人）で。僕は何も言わず、自分たちが勝手に決めたわけですけど。彼らが店をやると言わなかったら、もう辞めていたと思います。菓子屋の仕事としてやりたいことは、やり尽くしたという思いで。

ところが、フランス修業からそろそろ帰るという時期が二人重なり、いろいろなことを話しているうちに、「やろう」ということになって。

しかし、やるとなると親子、兄弟でもなかなか難しくて、相当な話し合いをしました。親子でもどちらかが折れて、そうしないとどうしょうもないですから。やるなら最初からしっかり、建築から何からしっかりやらないとだめだと思って。それで現在の店ができたわけです。

迷い道も肯定するときがくる

仕事を選ぶとき、自分はどこをどう歩いていったらいいのかって、迷い悩むことは誰にでもあるでしょう。僕の場合、食品のことを学びたくて大学に進みました。まあ、楽しかったですよ、遊べるし。だけど、このまま毎日を過ごしていたら大変なことになっちゃう。これは自分が進むべき道の勉強ではないと気づいて、職業安定所に飛び込んだ。

そこでホテルのレストランを紹介してもらい、厨房で働きだしました。その年の秋、東京オリンピックが開催されるというので、途中から選手村の手伝いにまわされ、一日中皿洗い。食器洗浄機なんてないし、それはまあ大変な重労働で、その洗い場から、お菓子を作っている様子が見え、「俺は、こっちのほうがいい」と、お菓子へと変更したわけです。

驚きました。卵と粉、砂糖の三つの材料だけで、いろいろなお菓子ができることに。その奥深さにのめり込み、フランスへと渡りました。

フランス語なんてまるでわからず、情熱だけで。そんな僕でも、自分の生き方はこれでいいのかと、迷い道をしていた時期もありました。自転車で旅に出たり、フランス語の翻訳家もいいんじゃないかって、本気で翻訳に取り組んだこともあります。ある日、「何をしに、フランスに来たの?」とフランス人のマダムに言われ、はっとして、また菓子作りの道に戻って。今となっては、その迷っていた時期も、とても大事だったと思います。

今は、いろんな仕事が細分化され、職業の選択肢が増えていますね。それがいいことであるのかわかりませんが、僕らの時代は、選択するほどなかった。

「自分がやりたいから」で僕は決めましたけど、しょうがないから、この仕事をやっているという友だちもいっぱいいました。むしろそのほうが大半で、果たして自分に向いているのか、なんてわからない。生きていくために働く。ある意味、観念して。その「観念する」ことはとても大事で、いままで見えてこなかった仕事の面白さが見えてきたり、仕事への欲が出てきたりして、その仕事が好きになっていくきっかけができていきます。その好きな思いができたら、あとは打ち込んでいけばいい。でも何かの拍子に、気持ちがよそを向く時もあるでしょう。そんな時、そこに打ち克ってくれるのは、「好き」という思いなんです。

直接役に立たないからこそ

フランスでの修業？　それは行ったほうがいいです、やはり外を見ないことには。仕事の面白さは、うちの店でやっているほうが断然、楽しいと思います。だけど、それは僕が自分で吸収したフランスであって、その人なりに肌で感じて、吸収してほしいです。

僕らの頃とは時代は変わったし、政治も変わってきている。日本でニュースを見ていたことを、フランスではどうとらえているか。

日本にいたら移民問題など無関心でいられますが、フランスではそうはいかない。菓子作りに直接役に立たないことではあるけど、その感覚の違いを自分の中にあたためておき、将来、自分のお菓子に表現すればいいんです。

ラテン系の血が、日本人とは全然違うわけだしね。僕がフランス修業に行った五〇年前、日本人の几帳面さと、フランス人のいい加減さ、そのギャップにとても悩みました。あのチャランポランさに、自分がどうまくやっていけばいいか。やがてフランス人の心がだんだんとわかってくると、あまり違和感なく付き合えるようになり、仕事も面白くなっていきました。

一方で、彼らにかなわないと思ったのは、センスです。もって生まれた感覚で、そこから生まれる菓子作りは、どう頑張っても日本人には無理だなと。

僕にとってのフランス菓子の魅力は、人の手が加わっていることがちゃんと見えることです。エクレアからフォンダンが横に流れていようがかまいません。職人として見たら、仕事がだらしないと思うかもしれませんが、自由で大らか、人が作った感じが伝わってきて、かえっておいしそうに見えてくる。食べ手に語りかけてくる間や余裕があって、それがフランスに一〇年間とどまることになった理由のひとつでもあります。

今、一軒の店に就職すると、その店しか知らないで日本へ帰って来る。一年間有効の就労ビザだからということもあるけど、ただ一生懸命働いて、職場で仲間ができ、それだけで帰ってくる。僕の意見としては、そんなの意味がないです。店でやらされる作業はたいてい決まっています。

でも今の日本のレベルは上がっていて、日本ですでに経験しているから、作業内容は珍しくもないわけです。人がやっていることを見れば、ああ、こうやってやるんだって、理解できちゃうでしょう。

浮浪《はぐれ》労働はきびしいけど、ほかの店で働いたり、旅行もしてほしい。こんなに情報が容易に手に入る時代ですから、探求心をもっていろいろなことに挑戦してほしいです。遊びすぎてフランスかぶれしてもいい。若い時のことだから。

それと、どんな職業に就いてもいえることですが、若い人には本を読んでほしいと思います。体もちゃんとつくって。この職業ならではの、体のモチベーションのあり方があります。たとえば動作のあり方、手の使い方とか。菓子職人は、ヤワじゃ務まりません。

休日は自分をリフレッシュして、おおいに遊んでほしいと思います。菓子だけ見ていたら、疲れちゃうし、狭くなっちゃうでしょ。好きな音楽を聴いたりするのもいいし、いろんな経験をして、それは結局、何かしらの要素となって仕事につながってくるんです。

僕が古典だ、伝統だなんて言うのも、出会った人たちに刺激をうけて教えてもらったり、旅行をしたり、そういう方向に向いていったからです。人それぞれの経験をしながら知識を得て、違う考えで自分をつくり上げていく。それで、いいんじゃないかなと思います。

いつも、今が勝負

「あせらず、あせって」は僕の座右の銘です。フランスで修業中、パリで絵を描いていた画家の太田忠さんの言葉で、僕がフランスに溶け込めず、もがいていた頃、いつも「河田、あせらず、あせって生きなさい」と声をかけてくれて。朝からウイスキーで、アクの強い、すげぇ親父だなという印象の人でしたけども。

昔はアクの強い、個性的な人がいっぱいいましたよ。今はアクが強いと嫌われちゃう傾向だけど、僕はアクのあるほうがむしろ好き。その当時知り合った人たちから、とても影響を受けたことはまちがいないです。うちのお菓子がよその店と違うのは、そんなことも現われか、わからないけど。

僕が店を開いたのは三〇代後半で、四〇、五〇代はとにかく必死でした。菓子作りだけでなく、経営のこともやりながらなので。自分が想像するようには物事は進まず、あせる毎日。でも、そういう時こそ、芯がブレないようしっかりと、あせらずにやっていくことが大事です。六〇歳を過ぎてからは、いかに仕事を楽しめるかの環境づくりをしてきました。菓子屋の基本は素材から加工すること。幅広い仕事をこなすのが菓子屋だと考えていたので。

仕事は楽しいですよ。これまで以上に、もっと面白くしよう、という考えでいます。だけど、ひとつひとつのものを究めていこうという余裕はなくて、毎日てんぱっているような状態です。七〇歳を越え、僕の中でまだ負けちゃいられない。まだまだ、やんなきゃとあせっている。

生涯現役なんてそんなかっこいいことは考えていません。職人は、今やっていることが評価されると思っていますから。「何かの賞をもらったから」「あの人はすごい」で、お店に来てもらいたくはないんです。

「あの人、有名だよね、でも、おいしいの？」と、僕なんかは疑いますよ。実際に食べて評価をしてもらいたいんです。いつも「今が勝負」だと、毎日の菓子作りに精を出しています。菓子を作るのが、いまだに面白くて。楽しくて仕方ないんです、僕は。

職人という、この生き方しか僕はできないんです。

二〇一七年一二月

河田勝彦

本書は、2009年11月に
朝日新聞出版から刊行された
「伝統《ベーシック》こそ新しい オーボンヴュータンのパティシエ魂」
を再編集し、改題したものです。

河田勝彦 Kawata Katsuhiko

1944年東京生まれ。「米津凮月堂」を経て67年渡仏。パリ「シダ」で修業を始める。「ショコラティエ・サラヴァン」「ポンス」「ポテル・エ・シャボー」…など12店で働き、74年「パリ・ヒルトン」のシェフ・ドゥ・パティシエを務める。76年帰国。埼玉・浦和でチョコレート菓子や焼き菓子の卸業を始める。81年東京・世田谷区尾山台に「オーボンヴュータン」開店。著書に『ベーシックは美味しい』『プティフールとコンフィズリー』(柴田書店)、『オーボンヴュータン河田勝彦フランス伝統菓子』(誠文堂新光社)、『お菓子のきほん、完全レシピ』(世界文化社)他。

すべてはおいしさのために

2018年1月15日　初版第1刷
2020年9月5日　第2刷

著者　河田勝彦／聞き手・水野恵美子
発行人　横山豊子
発行所　有限会社自然食通信社
113-0033 東京都文京区本郷2-12-9-202
電話 03-3816-3857　FAX 03-3816-3879
http://www.amarans.net
郵便振替　00150-3-78026
組版　閏月社
印刷所　株式会社東京印書館
製本　株式会社積信堂

ISBN978-4-916110-47-3